ブランドのコラボは何をもたらすか

午後の紅茶×ポッキー が4年続く理由

編著　午後の紅茶×ポッキー プロジェクト

文
坂本弥光　電通
石本藍子　電通
二宮倫子　キリンビバレッジ
金澤結衣　江崎グリコ

午後の紅茶×ポッキー コラボ商品

第1弾

午後の紅茶
ティーグルト
Pocky
midi
恋のレモン
12sticks
午後の紅茶
ティーグルト
Pocky
midi
恋のレモン
12sticks

第２弾

午後の紅茶
いちごティー
Pocky
クリーミーバニラ
2PACKS

午後の紅茶
アサイーヨーグルティー
Açaí Yogurtea
Pocky
バナナブラン
Banana Bran

第３弾と第４弾

コラボプロジェクトの様子

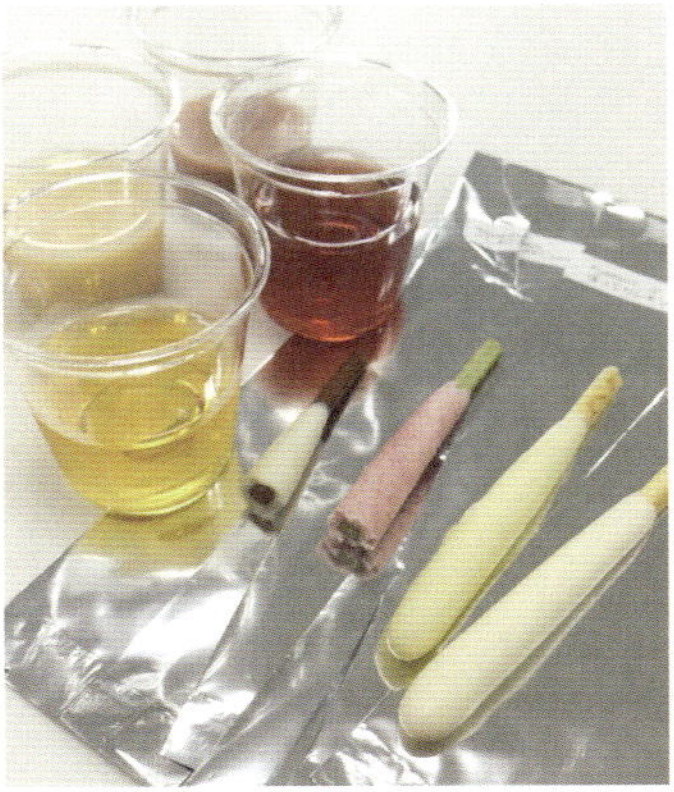

はじめに

「午後の紅茶」と「ポッキー」。

おなじみの2つのブランドが出会ったのは、2014年12月のことだった。

モノの入口から考えるメーカー2社の社員と、出口である広告クリエーティブに携わる広告会社の社員が手を組み、プロジェクトチームを結成。これまでのモノづくりの常識やルーティーンから逸脱した方法で、入口と出口を行ったり来たりしながらの商品開発を行ってきた。

ロングセラーブランドは、長い歴史を持つがゆえに、ともするとイメージが固定化されがちである。そこにあることが〝当たり前〟になっているため、常に新しいニュースを起こさなければ、お客様の意識からも薄れてしまう。

そんな環境に置かれたこの2つのブランド。プロジェクトに寄せられた期待は、これまで築いてきたブランドイメージやファンを失わずに、どんな新しいことで世の中を驚かすことができるのか、というところにあった。2社分の期待を背負い、このプロジェクトは始動した。

そして、実は、このプロジェクトのメンバーは、オール女子で構成されている。しかし、その響きとは裏腹に、まったくキラキラなんかしていないことを、最初に断っておく。実際は、したたかだと思われる計算や目論見、キラキラとは程遠い泥臭いステップの積み重ねだったのだ。

こうして生まれた本プロジェクトの商品たちは、たくさんのラインナップが揃う飲料・お菓子業界で、大ヒットの記録を毎年更新し続けている。4年に及ぶプロジェクトの中で、話題になる商品開発のメソッド、コラボレーションのフレームが少しずつ明らかになってきた。

本書では、本プロジェクトの軌跡を丁寧に辿り、ときには門外不出の企画書やこれまで語られなかったウラ話などもこっそり交えながら、これまでのコラボレーションに抱かれていたイメージをがらりと変えるような視点で、コラボレーションを実現したマーケティングについて論じていく。

- メーカー・サービス業のマーケティング活動に従事している方
- 新商品開発に日々頭を悩ませている方
- 女性ならではの感性を生かしたくてウズウズしている女性社員の方
- 何か新しいことを仕掛けたいと日々過ごしている若手社員の方
- そんな若手社員の気持ちが分からない上層部のおじさま方
- SNSで話題になるプロモーションのアイデアを欲している方
- チームでの組織運営に苦労している管理職の方

- 魅力的な売り場づくりに悩む流通関係の方
- 新しいビジネスアイデアを探している経営層の方
- 就職活動中の学生の方

…etc.

本書を通じて、自身の思考や行動が、意外と自分では気づいていない「型」や「ルーティーン」にいつの間にか縛られてしまっていると、気づいていただけるかもしれない。その上で何をすればいいのか、現状を打破する様々なアプローチやヒントを、できる限りたくさん詰め込んだつもりである。

コラボレーションに秘められたあらゆるビジネスの神髄を感じていただき、これからのマーケティング活動の一助になれば幸いである。

プロジェクトメンバー一同

目次

第3章 第2弾「キスするコラボ」

第4章 第3弾「おとぼけコラボ」

第 1 章

コラボのはじまり

◆コラボプロジェクト、始動

・2ブランドに共通する課題

「何かおもしろいこと、一緒にできたらいいですね～」

はじまりは、サラリーマン同士の（社交辞令にも近い？）雑談だった。飲料と菓子という、近いようで遠い2社。ひょんなきっかけで出会い、ビジネストークをしていると、双方のNo．1ブランドの話に。キリンビバレッジは「午後の紅茶」、江崎グリコは「ポッキー」。どちらもそれぞれの会社を代表する看板ブランドだ。本書をお読みの皆さんも、きっと一度は口にしたことがあるのではないだろうか。

雑談を進めるうちに、図らずも両ブランドには共通点が多いことが分かってきた。ブランドのメインターゲットや市場ポジションが似ているロングセラーブランドであること（発売から、「午後の紅茶」は30年、「ポッキー」は50年を超える）。それぞれのカテゴリ（ペットボトル入り紅茶飲料、チョコレート菓子）で、高いシェアをもつこと。商品の与えるベネフィットや登場シーンが似ていること。ロングセラーブランドであるが故に、常にニュースを欲していること。そして、本コラボレーション・プロジェクト実施のいちばんの原動力になったとも言えるのが、「ハピネス」という共通ワードがブランドの歴史の中で重要な役割を担っていることだった。

というのも当時、「午後の紅茶」には〝心と体にハピネスをもたらす〟「午後の紅茶HAPPINESS!（現在は終売）」というフレーバーティーシリーズがあり、さらに「ポッキー」は2012年から「Share Happiness!」というブランドスローガンを掲げていたのだ。

瞬く間に意気投合した両社の担当者たち。

午後の紅茶 HAPPINESS!、ポッキー「Share Happiness!」

「一緒に何かやってみましょう！」

運命的な繋がりで結ばれた2社が、共に動き出した瞬間だった。

ここで、2つのブランドの成り立ちを簡単に説明しておこう。

「午後の紅茶」は1986年に、日本初のペットボトル入り紅茶として誕生。それ以前は缶入りの非常に甘みの強い紅茶飲料しかなく、ある女性社員の「本当においしい、リーフティーの本格紅茶は作れないのだろうか？」という素朴な疑問から、開発がスタートした。「日本にも紅茶の本場イギリスの習慣を根付かせたい」という思いを込めて、英国の習慣であるアフタヌーンティーに由来した「午後の紅茶」をネーミングとして採用。また、ラベルには、アフタヌーンティーの習慣のはじまりといわれる、7代目ベッドフォード公爵夫人のイラストがあしらわれた。誕生から現在に至るまでの30年間、日本の紅茶カテゴリNo.1の座をキープしており、さらに2013年以降、5年連続で過去最高販売数量を更新している※。

「ポッキー」は、1966年に誕生。板チョコ全盛期の時代に、もっと軽いチョコの新商品開発が求められたことがきっかけだった。そこで、スティック状でユニークな食べ方が楽しいと人気だった「プリッツ」の全体に、チョコレートをかけてみた。しかしそれでは持つところがなく、手が汚れてしまう。そこであえて全体にかけずに持ち手を残すことで問題を解消。そうして生まれたのが「チョコテック」、「ポッキー」の前身となる商品だ。本格的な発売開始にあたり、ポッキンと折れる音から「ポッキー」

※株式会社食品マーケティング研究所調べ（2017年実績）

発売当初の2ブランドのパッケージ

に改名、爆発的な売上を誇る商品となった。フレーバーも様々に展開、季節限定やご当地限定商品など、そのラインナップは※21にものぼる。

このように、長年支持されてきた2つのブランドだが、何もしなくても売れ続けてくれるほど、市場は甘くない。ロングセラーブランドになっても、常にニュースを発信する必要がある。マス広告への出稿、オフィシャルサイトやEコマースなどデジタル周りの整備、Twitter、Facebook、Instagram、

※ 2018年1月25日 時点

LINEなどSNSでのファンづくり、流通を巻き込んだプレゼントキャンペーンなど、それぞれのブランドが多くの施策を継続的に行ってきている。

これらの取り組みにより、ブランドとしてやるべきこと、やってはいけないことが、各チーム内の集合知として長年をかけて蓄積されてきた。そういった成功と失敗体験の積み重ねがブランドを強固なものにしているとも言えるが、別の見方をすれば、判断を迫られたときに保守的な判断に傾いてしまう、というリスクも内包することになる。実際、これまで築いてきたイメージに背くような突飛なアクションは、現在のファンに嫌われる可能性もあり、安易にチャレンジできない。

また、ロングセラーブランドというのは、裏を返せば、みんなが選ぶあたり前の選択肢、買っても間違いのない「安全パイ」として認識されているとも言える。商品を購入してくれるお客様全員が、そのブランドを熱狂的に愛してくれているか、と言われると話は別だ。

つまり、既存のファンにも受け入れられる範疇で、定期的に存在感をリマインドし鮮度をもたせるようなニュースを継続的に作っていくことが、ロングセラーブランドには特に必要なのではないだろうか。

・コラボの3つの型

こうして2ブランドは互いに共通する課題を整理し、コラボレーションに踏み出した。これらの課題をお互いにwin-winな関係で解決できるよう、まずは、コラボレーションの型について考えてみた。

コラボレーション（以下、コラボ）とは、co-「共に」lab-「働く」-ate「する」-ion「こと」。共に働く、協力するという意味で、共演、合作、共同作業、利的協力を指す言葉。本来は「共に働く」という「協働」の意である。

いまコラボと言うと、大きく2つの手法が採られることが多い。1つ目は、人気のブランドやコンテンツの力を借りて、カバーリングする方法（カバー・コラボ）。A風の

B、Aっぽい B、といったものが生まれる。相手の力を借りて、自分を際立たせる方法とも言えるかもしれない。2つ目は、お互いのブランドの名前を交換し合う方法（ダブルネーム・コラボ）で、パッケージにも「A×B」と並列されることが多い。この2つの方法では、もともとの商品体系を変えることなく、コンテンツの貸与がパッケージ上や味覚に反映されていることが多い。

王道手法とも言えるその2つは、短期間での爆発力が見込めるマーケティングプランとみなされている。現に、「午後の紅茶」や「ポッキー」も、そういったコラボはこれまで何度も行ってきており、相応の成果も出している。しかし一方で、一過性のムーブメントとして終わってしまう弱点がある。長期的な目でブランディングを考えるのであれば、もっとブランドに主導権があり、継続的にリターンが見込める、新しいコラボの手法はないかと考えたのだ。

このプロジェクトの肝は、そういった既存の手法にとどまらない、新たなコラボ手法を生み出した点にある。コラボを、1ブランドではできない取り組みをするための手

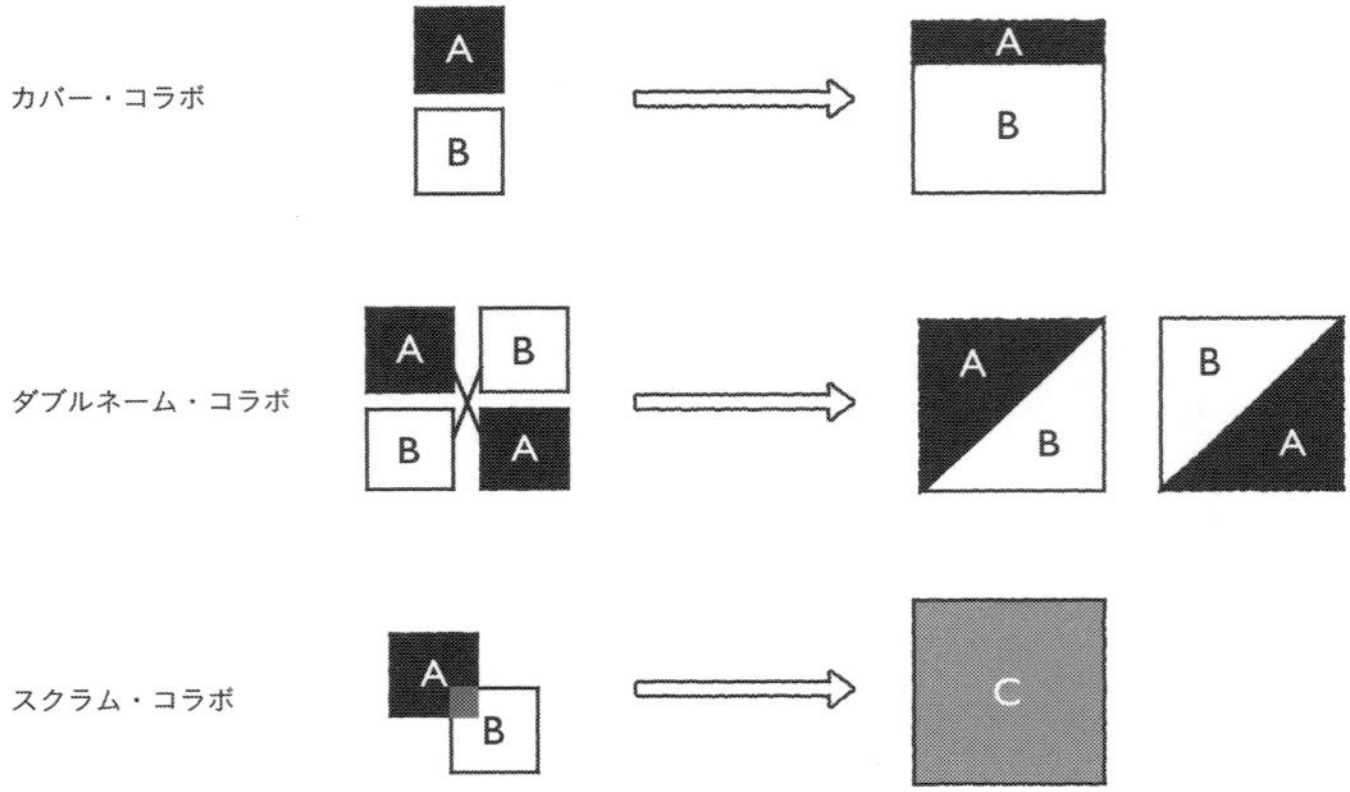

コラボの3つの型

段と捉え、共創する。コラボプロジェクトを世の中ごとのニュースにしながら、ブランディングに寄与するマーケティングステップへと昇華させることを狙いにしたのだ。

その結果導き出したのが、上図の3つ目「スクラム・コラボ」である。AとBがそれぞれのブランドの世界観を尊重しつつ、それ以外のマーケティングミックスの部分はゼロベースで共に考え、全く新しいCというブランドや商品を作るというものだ。

本プロジェクトは、ダブルネーム・コラボに近いアウトプットの見た目であるが、そのプロセスは完全なるスクラム・コラボである。お互いのブランド観や商品開発のプロセスを共有しながら、ネームバリューを上手に利用しあう。すると、全く新しい独自の世界観が生まれ、今までにない価値を創造できる。1＋1＝2ではなく、1＋1＝3の構造になっているのだ。

ここで忘れてはいけないことがある。本書で述べる中で、最も大切なポイントと言っても過言ではない。それは、コラボは、各々のブランド戦略を達成するための「手段」であり「目的」ではないということ。常にブランド全体の健康状態を把握しながら、どんな役割をコラボに担わせるべきなのかを考え、その上でコラボの手法も選ぶことが不可欠なのだ。

・プロジェクトメンバーの編成

こうして、コラボの輪郭は見えてきた。では、どうやってこの形を実現させていくか、つまり、組織・人のコラボについて、説明しておく。

まずは、プロジェクトの参画企業だが、キリンビバレッジ（以下、キリン）と江崎グリコ（以下、グリコ）、そこに両ブランドの広告コミュニケーションを担当している電通が加わり、3社合同のプロジェクトチームとなっている。

「午後の紅茶」と「ポッキー」といっても、様々なラインナップを有するブランドである。今回は、それぞれのブランドから、前述の「午後の紅茶」のフレーバーティーシリーズである「午後の紅茶 HAPPINESS!」（現在は終売）、「ポッキー」の妹分的存在である「ポッキー midi」（現在はネーミングを変えて発売中）でタッグを組むことになった。選定理由としてはいくつかあるが、当時新しい商品ラインナップであり、ブランド内

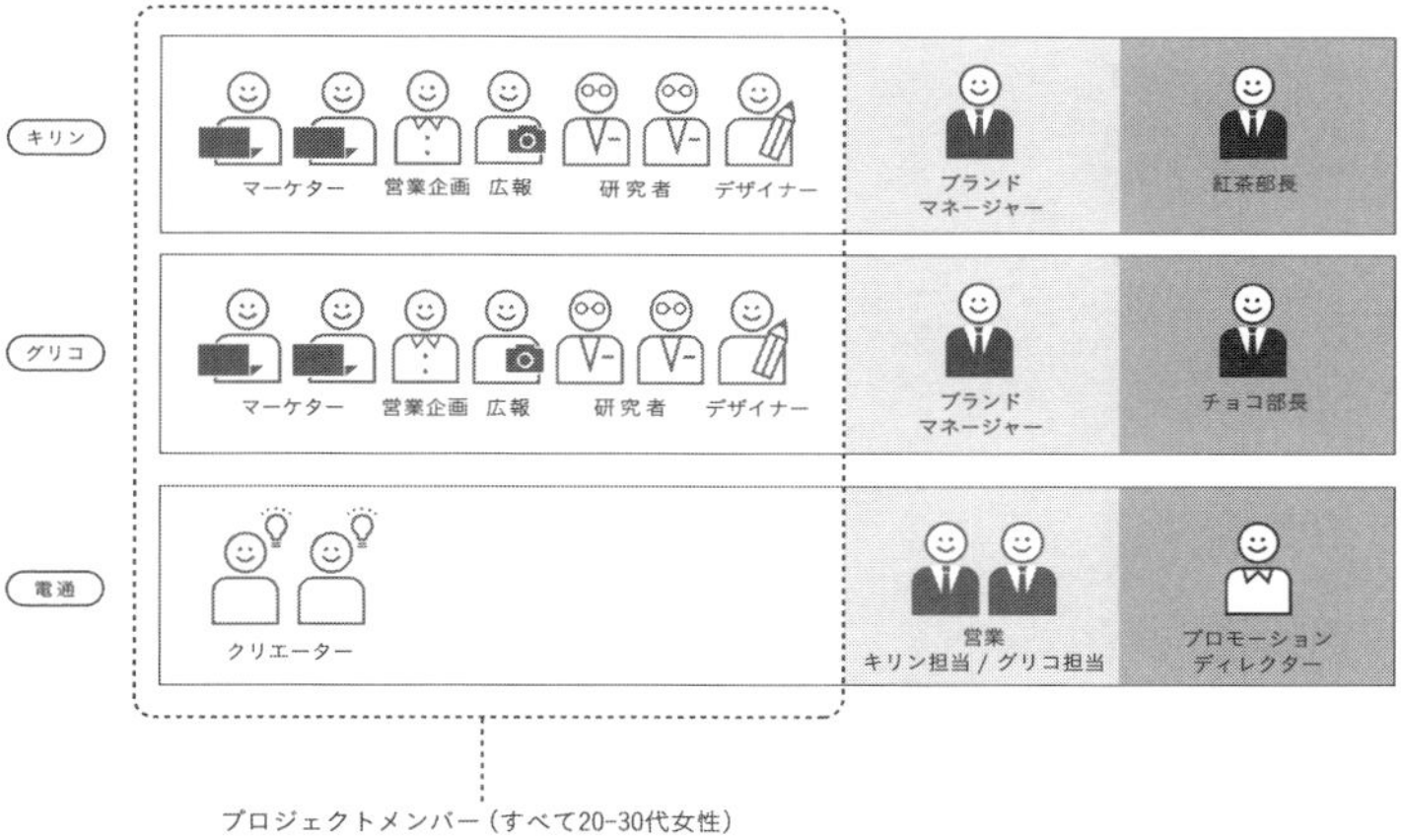

メンバーの構成（※本書では、キリンのマーケティング部の紅茶カテゴリ担当部長を「紅茶部長」と、グリコのマーケティング部のチョコレートカテゴリ担当部長を「チョコ部長」と呼ぶことにする）

での両商品のターゲットポジションが20～30代の女性、と共通していたことが大きかった。これが、本プロジェクトの特徴の一つである、メンバー編成のアイデアに繋がった。それは、「20～30代の女性社員だけ」で構成するというものだ。

役職や部署は様々。キリンとグリコからはマーケター、営業企画、広報、デザイナー、研究所が、電通からはクリエーターが集結した。プロファイルも大きく異なり、入社2年目の若手からママ社員まで、勤務地も東京・大阪が半々という顔ぶれだった。同性&同世代だけでメンバーを構成した狙いとしては、前述のとおり、ターゲットの心理を正しく理解できるという点が最初のきっかけだった。しかし、それだけでなく、議論を闊達にするためのフラットな組織作りが、こういったコラボのプロジェクトには欠かせないと感じた点も大きい。共創を目指す上では、受注する側・される側といった取引関係や、年齢や役職の違いなど、ちょっとした遠慮が邪魔になる可能性がある。まずはそんな〝メーカー同士の壁〟〝クライアントと広告会社の壁〟といった、見えないながらも大きな壁を早い段階で取っ払い、本音で話し合える関係性の構築を目指すためにも、このメンバー構成を選んだのだ。

・プロジェクト進行の大きなルール

メンバーがマッチングするだけではなく、チームそのものが融合できるような組織づくりのために、進め方にも工夫を施した。

プロジェクト後半のフェーズでは、もちろん専門性を生かした作業が求められ、徐々に分業していくこととなるが、前半では、チーム全員が専門の役割を一旦捨てることにした。その考え方が顕著に表れているのが「完全宿題制」というルールである。例えば、通常だとパッケージデザインはクリエーターとデザイナーが考えるものとされているし、研究所の開発者がコンセプトまで考えることはほとんどない。しかしこのプロジェクトでは、全員が自分の役割から一度離れて、同じ立場で「宿題」と称された課題に取り組んだ。

実際の例を挙げてみよう。

「ターゲット女性（＝自分）が幸せを感じる瞬間を５つ」考え、フォーマットシートを埋めてくること。「セットで買うことが一目で伝わるデザインアイデア」を、あえて手描きで書いてくること。こう言った課題を、会議の終わりに次回までの宿題としてみんなで設定し、それを持ち寄る。マーケターも研究所員も、クリエーターも、同じフォーマットでだ。

次の会議は、その宿題を発表することからはじまる。職種を越えて、全員で議論するのである。言ってしまうと、そこに、完成度やクオリティは求められていない。実際の商品アイデアにすぐさま直結するようなものも求められていない。その場に集まる全員が、等しく脳を使って考えを一巡させ、同じフィールドに立って会議をはじめることが、何よりも重要であるのだ。もちろん、持ち寄った案にある何気ない一言が大きな気づきを生み、停滞していた状況をブレイクすることもあるので、侮れない「宿題」たちであったが。

メンバー全員でゼロから考えることで、専門性を解除、凝り固まった思考を解きほぐし、偶然の産物を得られるこの方法は、プロジェクトを走らせる序盤に大いに役立った。こうして私たちは、違うバックボーンを持つメンバーのアイデアから刺激を感じながら、全員でブラッシュアップを重ねていった。

・一斉プレゼン制度

メンバー編成、そしてフラットなチームづくりのためのルール設定は完了したが、もう一つ大きな難題が残されていた。それは、メンバー内で決まった企画をそれぞれが社内に持ち帰り、どう通していくかだ。

広告制作のケースで考えてみると、通常、まず広告主側の現場担当者が、商品の課題や広告の出稿目的を整理し、依頼事項をまとめた通称「オリエン（オリエンテーションシートの略）」を作成し、社内の合意をとる。それを広告会社の担当営業に見せ、依頼する。担当営業は社に持ち帰り、オリエン内容に合わせたスタッフィングを行い、共有する。そして練り上げたプランを、広告主側に提案、担当者が社内で企画を通していく。例外はあるが、大抵はこのケースで進められることが多い。

本プロジェクトもその通常のフローにならうことも考えられたが、チームそのものが

[通常のプレゼンフロー]

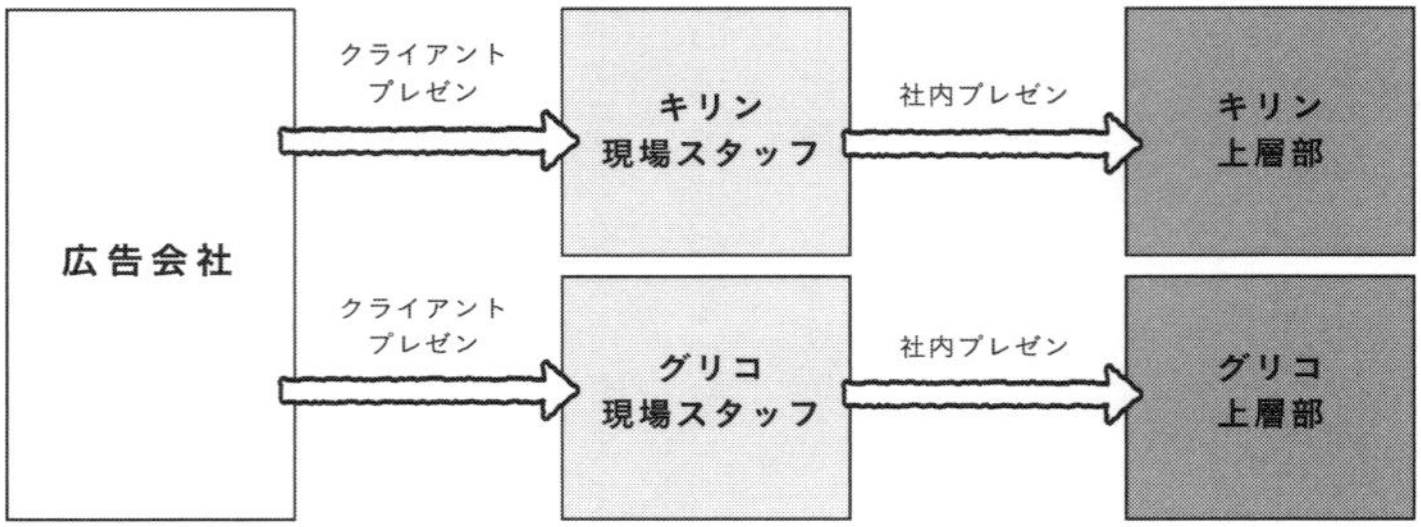

[本プロジェクトのプレゼンフロー]

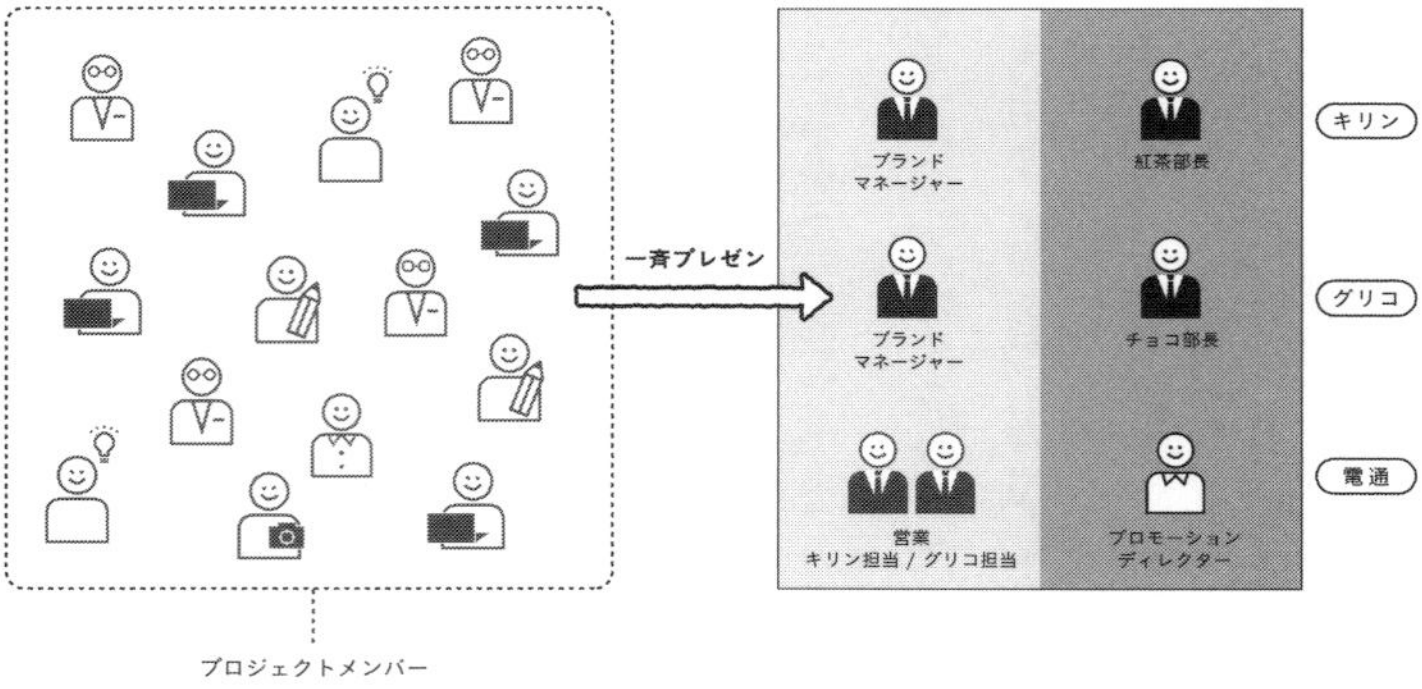

プレゼンフローの違い

融合するようなスクラム・コラボを目指している以上、別々に上申を進めていくのではなく、全員が議論に参加できるオープンな場でジャッジをしていくべきだと考えた。見えないところでの内々のプレゼンでは、通常通りの判断軸に寄ってしまうリスクも予期された。

しかも今回のケースではこのフローを2社分行わなければならず、手間も時間も2倍になってしまう。仮に両社の上司たちが正反対のフィードバックを行った場合、調整はさらに複雑化を極める。そこでチェックの構造を大きく変えた。

まず、図を見ていただきたい。

はじめに、3社のプロジェクトチームのメンバー（前述の通り、全て女性社員）が一体となり企画を作り、プレゼンの用意をする。そして、2社の上司である紅茶部長とチョコ部長に、同じタイミングかつ同じ場所でプレゼンをする。プレゼンターは3社のメンバーが一緒になって務め、質疑応答も適宜分担する。

この同じタイミングというのが、ミソである。判断のボールを行ったり来たりさせるのではなく、その場で両者に決断してもらう。持ち帰っての確認時間や、出し戻しの手間を省くことで、効率的にプロジェクトを進めることができるのだ。考えられる疑問点や問題についてはお互いに先回りしてケアしておくことができるし、何より企画を齟齬なく伝えることができる。仮にI社の上司から指摘が入ったとしても、他の2社からの援護が入ることで、チーム全体でよりフラットに考え、納得感の高い判断が行えるようになるのだ。

この独特なフォーメーションは、ある種の「共闘関係」を生み出す。目的突破のために、責任を分け合いながら、他社をうまく使う。全員にメリットがある、このスクラム・コラボだからこそ成せる賢い関係性なのである。

・ゼロからの共同商品開発に向けて

このプロジェクトでは、前述のとおり、スクラム・コラボでゼロから商品を作ろうと決めた。

これまで数え切れないほど多くの商品を作ってきた2ブランドには、それぞれ成功事例や失敗事例も含めた商品開発の技術や知見が、大量にストックされていた。

つまり商品開発とは、メーカーにとってはDNAそのものに触れる行為とも言える。プロセスやマーケティング手法など、細部に至るまで、社外秘のオンパレード。それを丸ごと共有することではじめて、そのDNAの差に気づく。お互いに優れたDNAを盗み合い、交換し合えば、ストックは2倍になる。自分たちの「いつものやり方」から離れた手法をとることは一見リスクにも思えるが、これが思いもよらないアイデアの誕生へと結びつく。

マーケティングには答えがないとはよく言ったもので、業態や規模、扱う商材、企業文化によってそのやり方は様々である。会社ごとにある種、独特な「型」が形成されるのだ。

振り返ってみると、今回のプロジェクトは他社のマーケティングの型を盗み見る（というかもはやぐちゃぐちゃに合体させて再形成する）ことで、自社のマーケティング手法を見直すきっかけにもなったのだ。

商品開発のプロたちによる、全く新しい商品開発。そこで、ある一つの約束を結んだ。プロジェクト開始から4年目を迎えるいまでも、守られているルールだ。それは、

「午後の紅茶味のポッキー」「ポッキー味の午後の紅茶」という商品開発は禁止

というもの。

せっかくの運命的な出会いを「カバー・コラボ」「ダブルネーム・コラボ」などの手法で終わらせてしまってはもったいない。また、一時的な話題として消費されるだけではなく、長期的に見て「午後の紅茶」と「ポッキー」、両ブランドの資産に繋がるようにと考えられた。

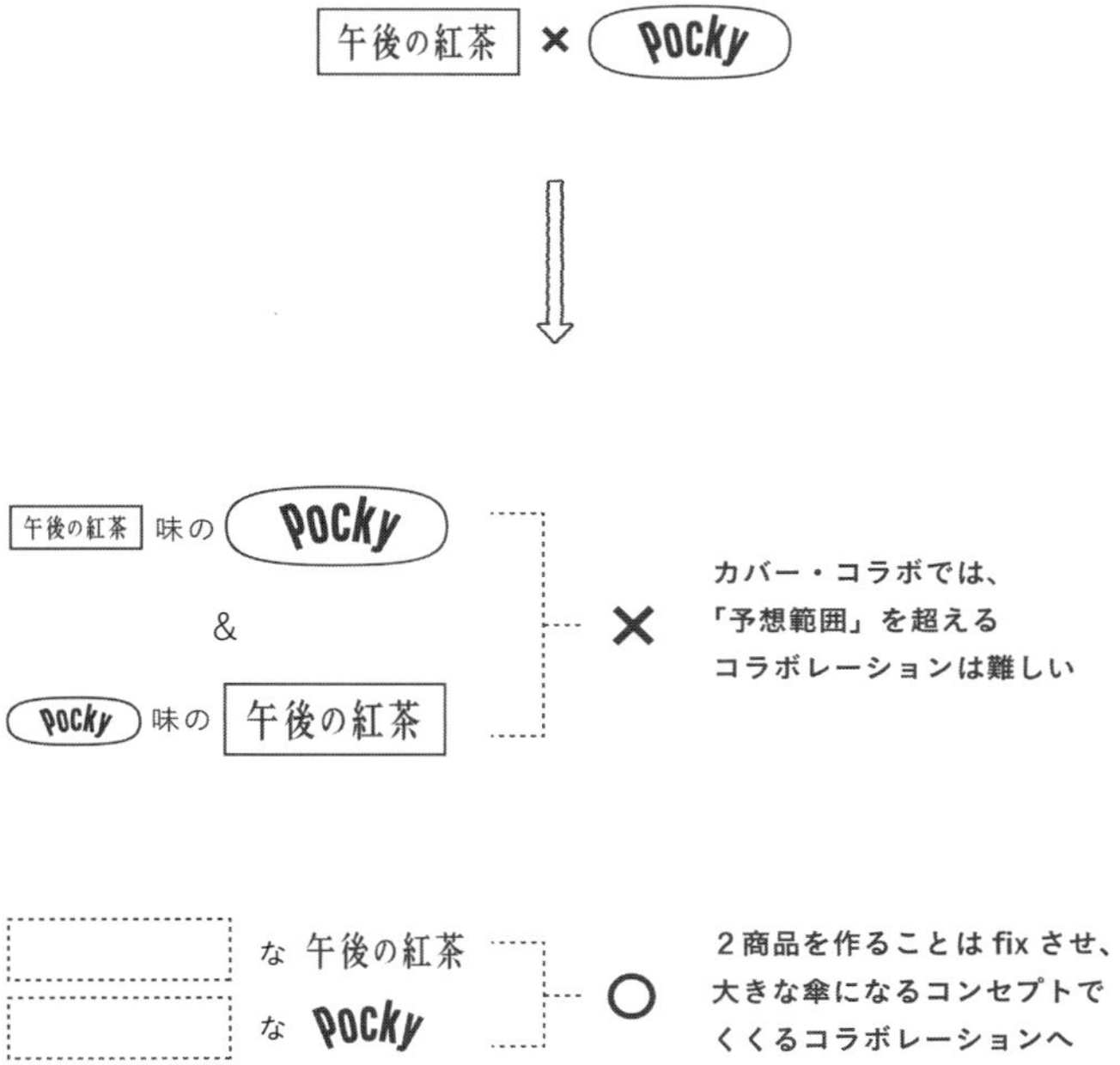
午後の紅茶 × Pocky
午後の紅茶 味の Pocky
&
Pocky 味の 午後の紅茶
×
カバー・コラボでは、
「予想範囲」を超える
コラボレーションは難しい
な 午後の紅茶
な Pocky
○
2商品を作ることは fix させ、
大きな傘になるコンセプトで
くくるコラボレーションへ

プロジェクトのルール

このルールは、最初の打ち合わせですぐに決まった。両社メンバー顔合わせの自己紹介が早かったか、そのルールが決まったのが先か、確かほぼ同時だったと記憶している。これまで出会わなかった2社が、一期一会で、せっかく共創をするのだ。「企業コラボ」の概念を変えるような、業界や職種をも超越した、誰も見たことがないコラボを生み出そう、と両社の決意は固かった。

しかしこのときはまだ、どれだけ困難で大変な道のりが待っているのか、誰も分からなかった。熱い熱い想いをもって、このプロジェクトは幕を開けたのだ。

第2章

第1弾「手を繋ぐコラボ」

◆商品コンセプト企画 編

・ブランドを交換して考える

第2～4章では、第1～3弾のプロジェクトを時系列で振り返りながら、それぞれで得られた気づきやノウハウを紹介したい。

初回で決められた開発期間は約1年。商品コンセプトから味覚設計、パッケージデザイン、店頭の細々したツール類の制作、プロモーション施策の実施やPRまで考え、やるべきことは山ほどある。

最初に、コラボならではの体制で役に立った企画術をまとめておく。まず私たちは、企画・コンセプトを考える中で、ある試みを行ってみた。「ブランド交換アイデアノック」だ。これは、相手ブランドの商品アイデアをひたすら考えるというもので、普段は「午後の紅茶」のことだけを考えているキリン社員が「ポッキー」の新商品アイデアを、グリコ社員がその逆を考える、という具合だ。電通社員はどちらも考えることになったが、普段は「クライアント」である2社の商品アイデアを、オフィシャルに、好き勝手に考えていいという機会にはそうそうめぐり合えるものでもない。2社のメンバーを困らせるほどのとんでもないアイデアばかり並べて、場を盛り上げた。

製造ライン的に不可能、かつて類似品を販売したがコケてしまった・・・などというブランドの歴史や事情、レギュレーションなどは一旦脇に置いた、ある意味とても無責任な視点が、両社のメンバーにとって大変な刺激となり、そこから思ってもみない気づきも多く生まれた。

もし、これから企業コラボを検討されているのであれば、相手ブランドの商品アイデアをとことん無責任に、思いつくまま、たくさん考えて発表し合う機会を持つことを強くお勧めする（アイスブレイクの位置付けで、開発プロセスのなるべく早い段階でやるのが効果的だ)。

私たちの場合、このアイデアノックを経たおかげで、数多くの発見が得られたと同時に、お互いのプライドが大いに刺激された。「なかなか面白いこと考えるな」「そんな発想があったか」という嫉妬や悔しさが生まれたのだ。それがいつの間にか互いをリスペクトする気持ちに繋がり、チーム全体の士気が高まったように思う。

仲間であり、ライバルでもある心強い存在が集まった唯一無二のチーム。そんな信頼関係を早い段階で築けたことは、確実にこのプロジェクトを前に進める力になっていった。

・出口からの逆算

もう一つ、コラボならではの企画術がある。

アイスブレイクとしての「ブランド交換アイデアノック」以降、具体的な商品アイデ

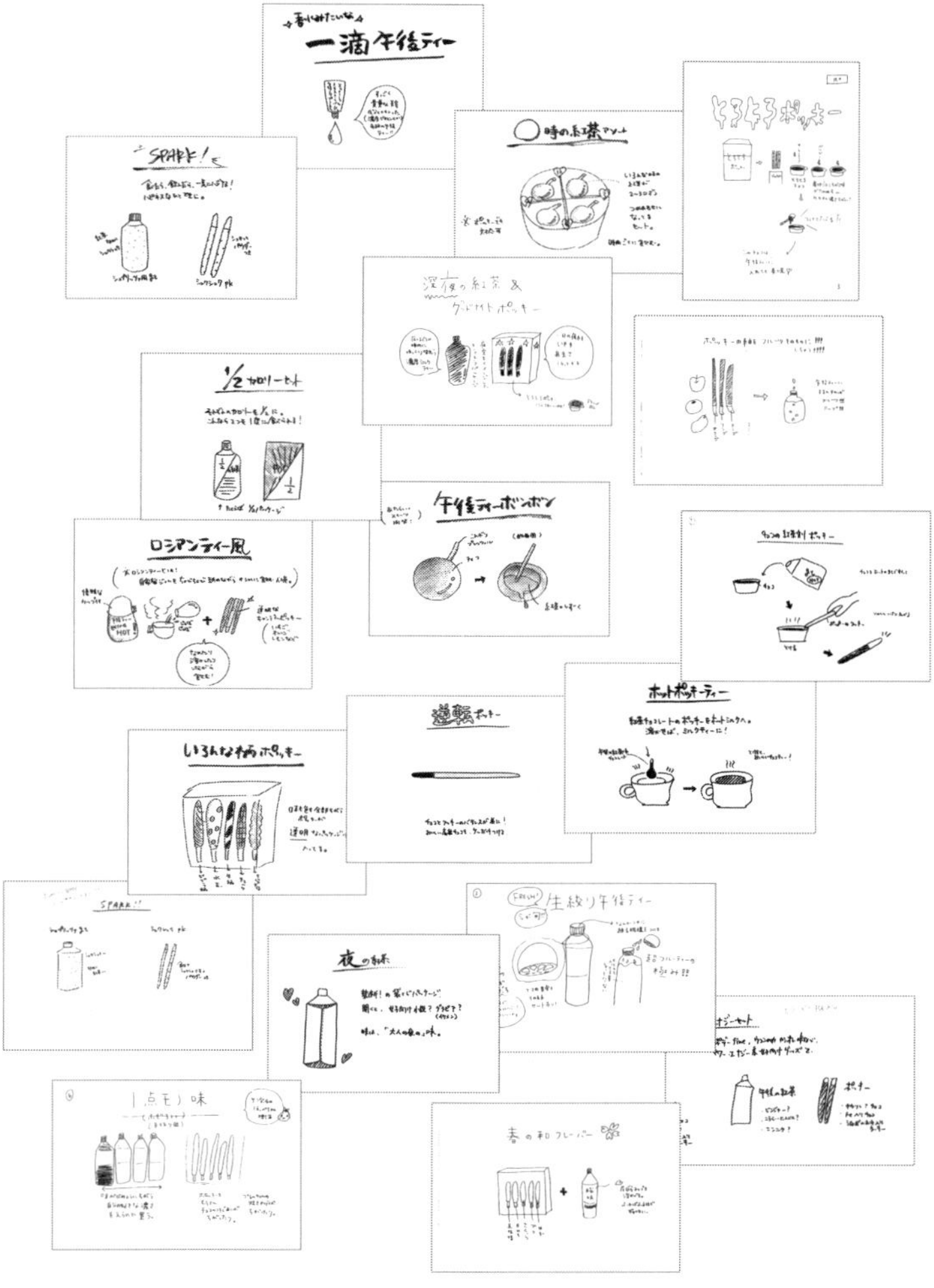

アイデアノックから生まれたアイデア

アを考えることを一旦封印した。なぜかを説明しよう。

広告クリエーターは普段、メーカーが作り上げた商品を、世の中にどう届けていくかを考える、コミュニケーションのプロである。

一方メーカーは、お客様のニーズに合った商品企画を考える、モノづくりのプロである。

そんな広告クリエーターと、メーカーメンバーが、それぞれの強みを生かしつつ、お互いに刺激し合い新しい発想をすることで、今までにない商品開発プロジェクトができる体制になるのである。この強みを生かすためにも、商品企画についてアイデアを出し合ったあとは、コミュニケーションから考えてみる、ということに頭を切り替え、そのあとはまた商品について考え・・・ということを繰り返した。せっかくの多彩なメンバーが集まった環境があるのであれば、ぜひこの方法は試してみていただきたい。

・世にはびこる「ザ・女子向け商品」を反面教師に

さて、ここからは、今回のプロジェクトの商品開発について、具体的にフローを掘り下げていく。

今回のメンバーは前述の通り、ターゲット世代ど真ん中の女子社員だけで編成された。ただ一点、最初にお断りしておきたいことがある。その「女子社員が集まり、チームを組んで、女子向け商品を開発する」という文脈に対して、いちばんシビアな目を持っていたのは、実は、他でもない私たち女子メンバー自身だったということだ。

キラキラした女子社員が（私たち自身は決して巷で言われるキラキラ女子ではなかったが。笑）、かわいらしい、思わず「Instagram にあげたくなるような女子向け商品を開発しました♡そんなストーリーで、世の中はもう飽和状態。そういったプレスリリースが Facebook や Twitter で流れてきたらたくさんの「いいね」が押されるだろうか。

それだけでニュースになるほど世間が甘くないことは、マーケティングや広告に携わるからこそ、身をもって分かっていた。

しかも（せっかくだからこの場をお借りして言いたいのだが）、なぜだか分からないが、女子向け商品というとその多くがとりあえずピンク色で、キラキラで、デコラティブで、ハートがついていて、お花柄があしらわれていて、アルファベットでなんだか書いてある、どこか似たようなものばかりではないだろうか。

「世の女子たちは、本当にこれを欲しいと思ってるの？」

「作り手も、そうだと決めつけて作ってるの？」

メンバー全員が感じていた疑問だった。

誤解はしないでいただきたいのだが、ピンク色・キラキラの商品が悪いと言いたいわけでは決してない。もちろん、ピンク色を好む女子は多いし、キラキラに心惹かれることがあるのも理解している。ただ、コンビニやスーパーを見渡すと、そのような〝表面的な女子っぽさ〟だけに走ったものが、あまりに多いような気がするのだ。

もしかしたら、作り手もはじめは全く違うアイデアを持っていたのに、いつの間にか「メーカー上層部のおじさん社員が考える女子像」という幻想フィルターを通されてしまったのかもしれない。結果、とがっていた角もまるくなり、ステレオタイプな、いわゆる「女子っぽい」とされる商品となって市場に並んでしまったのかもしれない。

そのように女子に「媚びた」商品に、私たちはどうしても違和感を抱いてしまう。分かりやすいイメージで自分がターゲティングされていることに気づいてしまうと、逆に冷めてしまうことさえある。

女子の審美眼は感覚的ゆえに厳しいもの。そんな事実を再確認し合った私たちは、市場にあふれる「ザ・女子向け商品」を時おり反面教師の指針とし、このプロジェクトが進むべき道すじを定めていった。

・左脳だけでマーケティングしない

ターゲットど真ん中だったからこそ感じていた「女子って、そんな単純じゃない」という気持ち。女子の購買行動のほとんどは理屈では説明できない、といちばん理解しているのは、誰よりも自分たちであるという自負。ロジックを積み重ねるだけの商品開発では、本当に欲しいものは見えてこないことが、浮き彫りになってきた。

コンビニの棚で出会った瞬間に、脊髄反射的に手を伸ばしたくなるパッケージって？

思わず友だちに、教えたくなる新商品って？

左脳ではなく右脳で、理論ではなく直感で「食べてみたい！」と衝動的に感じる味ってどんな味？

答えは、まだこの世の中に存在していない。その答えを出したい。そんな商品があったら、すぐに買いたい。だからこそ、私たちメンバー全員はとてもワクワクしていた。まだ自分たちですら見たこともない、想像すらできない商品を、これから作るんだ。

理路整然としたロジックばかりをならべてきがちな男性上司はとりあえず放っておいて、迷ったときは自分たちの右脳に聞こう。悩んだら、消費者としての自分たちが本当に欲しいか？　と何時間でも、何十時間でも問い続けよう。そんな熱い想いがひとりひとりの心に燃えていた。

今回のプロジェクトが成功したいちばんの要因は、そんな「女子の本質」を見つめる目線をメンバー全員が常に忘れずに持ち続けたことかもしれない。周囲が引いてしまうぐらい情熱的に突っ走ったと思えば、次の瞬間にはビックリするぐらい冷静になって「これ、ほんとにお金出して買いたい？」と問う。常に自分たちの本音と向き合い続けたからだと、いま振り返ってみて思うのだ。

・女子の「幸せ」って何なのか、考えてみた

巷でよく見かける女子向け商品に疑問を抱いた私たちは、まず「ターゲット＝女子のインサイトをとことん掘り下げる」ことにした。

お題は〝女性が幸せを感じる瞬間〟について。なぜそんなテーマかというと、第１章でも少し触れたとおり、「午後の紅茶」と「ポッキーmidi」のブランドスローガンの存在がある。たまたまではあるが、両ブランドとも「女性のhappinessを叶える」という共通の目標を掲げていたのだ。

自己紹介からそんなに時間が経っていない中、とりあえず、ひとりひとり順番に、自分が「幸せ」を感じる瞬間を発表していった。

・仕事でクライアントに喜んでもらったとき

●上司にきちんと評価してもらえたとき
●手がけた商品やキャンペーンが成功したとき

みんな各社でバリバリ仕事をこなしている、いわゆるワーキング女子だったので、仕事のやりがい＝幸せ、という切り口が多かった。

●溜まりに溜まっていた家事をやりきると、達成感と幸せを感じる
●欲しかった服がネットで半額になっていて、しかもそれが最後の一着だったときは、思わずニヤリとしちゃう
●ボーナスが思ったより多いと、テンションが上がる

最初はちょっとお利口だった回答も、どんどんフランクに、個人的なものになってくる。

- シャワーじゃなくお風呂にお湯を張り、新発売の入浴剤を入れたとき
- 帰り道に花を買って帰るとき

めずらしく花なんか買っちゃってる自分、がちょっと好き

- 前髪を１センチ切ったら、異性が気づいてくれたとき
- 旅行に行くとき

っていうか旅行の「準備」をしているときがいちばんわくわくして幸せかも

日常のささいな幸せの瞬間を細かく挙げていくと、次々に分かる！　の声が上がる。

- いやいや結局は周囲から「幸せそうに見られる」ことが何よりもいちばん大事！

と言い出すメンバーも。確かに、ＳＮＳ時代の真理をついている気もする。

とある日のグループトーク

議論を進めるうち、いつの間にか、女性社会にはびこるマウンティングの実態を誰かが語りだしたり、ここには書けないような上司に対する愚痴に大脱線したり（かなり盛り上がったことは言うまでもない）、今付き合っている彼氏のこと、夫のこと、その流れで、聞いてもいない元カレの話、最終的にはディープな人生相談がはじまったり。生々しすぎる議論は白熱の一途をたどり、打ち合わせ時間に飽き足らず、プライベートなLINEグループにまで持ち越された。

この濃厚すぎるブレストのおかげで、仕事やステータスなどのプロファイルは違えど、同時代に生きる同世代女子たちが抱える悩みの根底にあるインサイトって案外同じなのかもしれない、そんなシンプルな事実に気づくことができた。また、属する組織も立場も違うメンバーがお互いのことを深く分かりあうきっかけになったのも、大きな収穫だった。

会社メールだとどうしても堅く形式張ったものになりがちな日頃のやりとりも、LINEグループでのスタンプを用いたフランクなトークだと気づかないうちに本音が出る。

企業の垣根を越えたコラボは、こういう何気ない会話の積み重ねから生まれていった。

・あえて手間をかける、という贅沢

そうして導き出された女子のインサイトの一つが、「あえて手間をかけるという贅沢」だ。「時短」や「簡単」「効率化」などのワードが重要視される中、逆の意味とも取れる「手間」が価値を感じられるものになってきているのだ。

プロが教えてくれる、難しいけれども一流のやり方。真似をしながら、時間をかけてじっくり作り上げていく過程。手間をかけることとは、言い換えれば、時間とお金の贅沢でもある。

例えば、ジョエル・ロブションの目玉焼き。普段のキッチンにはない特別な材料をわざわざ買って、シェフ直伝の作り方で調理する。その完成品は、もはや目玉焼きの範疇ではないレベルだ。そうしてできた目玉焼きは、味もさることながら、それを作るまでのプロセス、作っている自分すらも贅沢に感じられるものなのだ。

また、女子のプチ贅沢の代表格として知られている、とある高級アイスクリームは、そのひとときをもっと満足に楽しめる方法を提案している。それは、冷凍庫から出して一分待つ、というシンプルなもの。ただ待つだけ、おあずけされているだけなのだが、ワクワクしながら待つ時間というのが何にも代えがたい贅沢になるのだ。

ざっくばらんな女子会ブレストで挙がったのは、そんな日常の身近な幸せから発見されたインサイトだった。

「意外とルールを示されるとワクワクするのかも」

「きちんとできてること、に喜びを感じるから?」

「挑戦を受けてミッションをやり遂げる達成感って、確かにあるよね」

「丁寧にきちんと生きている、っていう実感を得られると嬉しい気がする」

(そういえば「丁寧な暮らし」という今では当たり前となったワードがもてはやされはじめたのもちょうど同じ時期だったと記憶している。)

そこから、ロブションや高級アイスクリームの事例も参考にしつつ

「達成感を感じるミッションみたいなものを企業から提供できないか？」

「例えば、午後の紅茶とポッキーも、お作法や食べ方でここまで変わるんだ！　と驚かせることができれば面白そう」

といった具体的な商品コンセプトに繋がるアイデアへと、議論はどんどん進んでいった。

あえて手間をかけて楽しむ、という方法。ここに、普段なかなか感じられない、余裕のある喜びと食への体験価値を見出したのだ。

これが、のちの〝「午後の紅茶」と「ポッキー」をわざわざ一緒に買ってもらう〟という「ミッション」、さらに〝同時に食べ合わせる〟という「お作法」のアウトプットアイデアを生む原石となる。

・見つけた！　これこそリアルインサイト

ここでは具体的な商品にはなっていないものの、メンバー内で今でも話題にのぼる、世の多くの女子に共感される（はずの！）インサイトをご紹介したい。

それが「頑張って**る**ね」だ。世の女性たちは、仕事に家事にと一生懸命やっているところに、さらに「頑張ってね！」と応援されても、素直に喜べない。むしろ、もうすでに十分頑張ってるわ！　と逆にイラっとしてしまうというものだ。

このインサイトに気づいたのは2014年だが、今でも、そんな世間の女子を応援しまくる風潮は収まるどころか、どんどん大きくなっている気がする。良かれと思っての応援が、逆に負担やストレスにさえなってしまうことを、本書を偶然にも手に取られたあなたには是非知っておいて欲しい。

そんな発見に対しての回答こそが、「頑張ってね」ではなく「頑張って**る**ね」と認めてくれる、労ってくれる言葉だと考えたのだ。頑張ってねと、頑張って「**る**」ね、の間には、天と地ほどの開きがある！　ブレストでその仮説が飛び出した瞬間、メンバー全員の頷きが最高潮に達したことを鮮明に覚えている。

この「頑張ってるね」の考え方は、直接的なアウトプットには結びつかなかったが、〝女性のHappinessを叶える〟ための本プロジェクトの根底に流れる、ある意味フィロソフィーとなって受け継がれ続けている。

・ゼロからの味覚開発

ターゲット女性がHappinessを感じる瞬間をとことん掘り下げて考えたことで、「午後の紅茶」と「ポッキー」を一緒に買ってもらうという「ミッション」と、同時に食べ合わせてもらうという「お作法」で驚きや達成感を味わい、幸せを感じてもらいたい、という大まかな商品コンセプトが見えてきた。

次はいよいよ商品企画に着手する。まずは商品の肝である味覚開発だ。このコンセプトを分かりやすく考えると、「午後の紅茶と飲み合わせておいしい専用ポッキー」と、「ポッキーと食べ合わせておいしい専用午後の紅茶」を作る、ということになる。が、しかし、それって一体何味にすればいいんだ？　と、議論はすぐに暗礁に乗り上げてしまう。

いちばんの理由は、至極当たり前なのだが、どちらも基本的に「甘いもの」であることだった。いくら女子が甘いもの好きだからと言って、甘い紅茶飲料と甘いチョコレート菓子を、すすんで一緒に食べたいか？　いや、私は食べたくない！（笑）というメンバーが続出、大きな壁となって立ちはだかったのだった。かといって、どちらかを甘くない味にしてしまうと（例：しょっぱいミルクティーと、極濃厚チョコレートの「ポッキー」を一緒に食べ合わせる）、おやつを楽しむようなシーンにはマッチせず、単体での売上げが落ちてしまうことが容易に想像された。そう、コラボにあたっては両社がwin-winであることが最重要。どちらかが妥協することは、あってはならないのだ。

しかし、「この午後の紅茶はポッキーと食べるために開発されたので、一緒に食べるととっても合うんですよ」「午後の紅茶がポッキーの味を引き立てて、とってもおいしいんですよ」程度のフワッとした理由では、一緒に買って食べ合わせる動機づけにはならない。もう少し説得力が欲しい。

こんな風に議論は堂々巡りで、試食と試飲を繰り返せど繰り返せど一向に答えは出ず、完全に行き詰まってしまったのだった。

開発メンバー全員の顔に明らかな疲れが見えはじめたある日、ふとメンバーのひとりが呟いた。

「プリンに醤油をかけるとウニになるよね」

一瞬、場が固まった。……それだ！

何気ないつぶやきが、ブレイクスルーに繋がった。

そこからは早かった。すぐに「単品でももちろんおいしいが、それだけでは完結しない。２商品を食べ合わせると、さらに新しい味覚が生まれる」という、今後数年続くこのプロジェクトの根幹とも言える「１＋１＝２」にとどまらない「１＋１＝３」の味覚設計アイデアが生まれたのだった。

「これはイケそうな気がする」「プリンに醤油って、人生で一度はやってみたくなるもんね」「ポッキーと午後の紅茶を食べたら味が変わるって新しすぎる！」「私だったら絶対やってみたい」さっきまで立ち込めていた暗雲がさーっと晴れ、メンバーのテンションも上がる。

そうと決まれば、あとは食べ合わせたときの味を決めるだけだ。どんな味になると言われれば試してみたくなるかを探るため、メンバー全員でデパ地下に繰り出し、スイーツというスイーツを買い漁った。

ショートケーキやティラミス、シュークリームにチーズケーキ、あずき抹茶プリンやわらび餅。

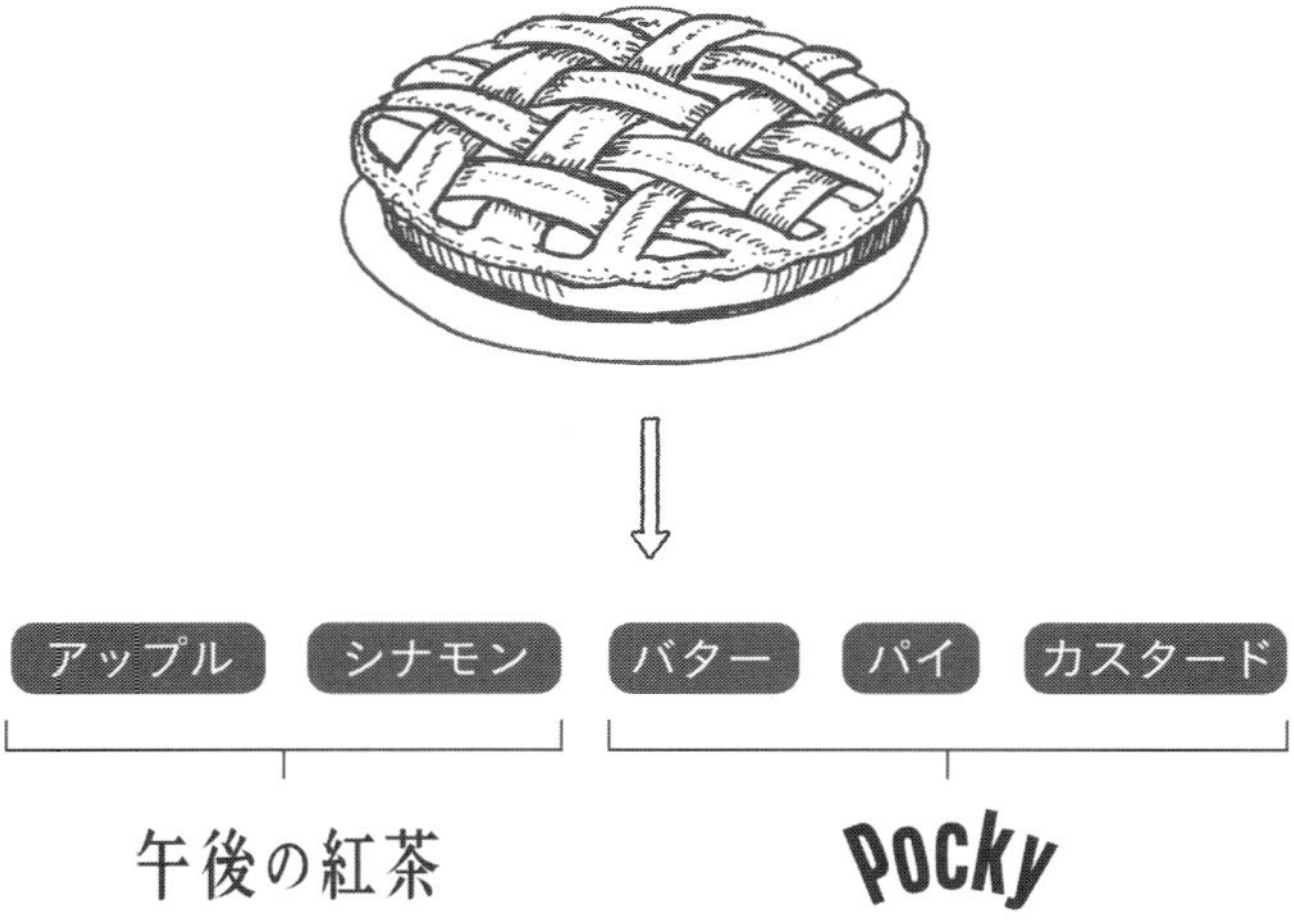

アップルパイの味覚設計

それらの味覚要素を2つに分解しては「午後の紅茶」と「ポッキー」に割り振り、単品として魅力的な味になるかどうか（チョコレート菓子や紅茶として成立するか）、食べ合わせたときに万人がイメージできるかといった軸で精査しながら、最終的に「アップルパイ」へと着地。「アップルシナモン味の午後の紅茶」と、「バターカスタード味のポッキー」を同時に食べるとはじめて口の中でアップルパイ味が完成する、今までにない斬新な味覚設計が完成したのだった。

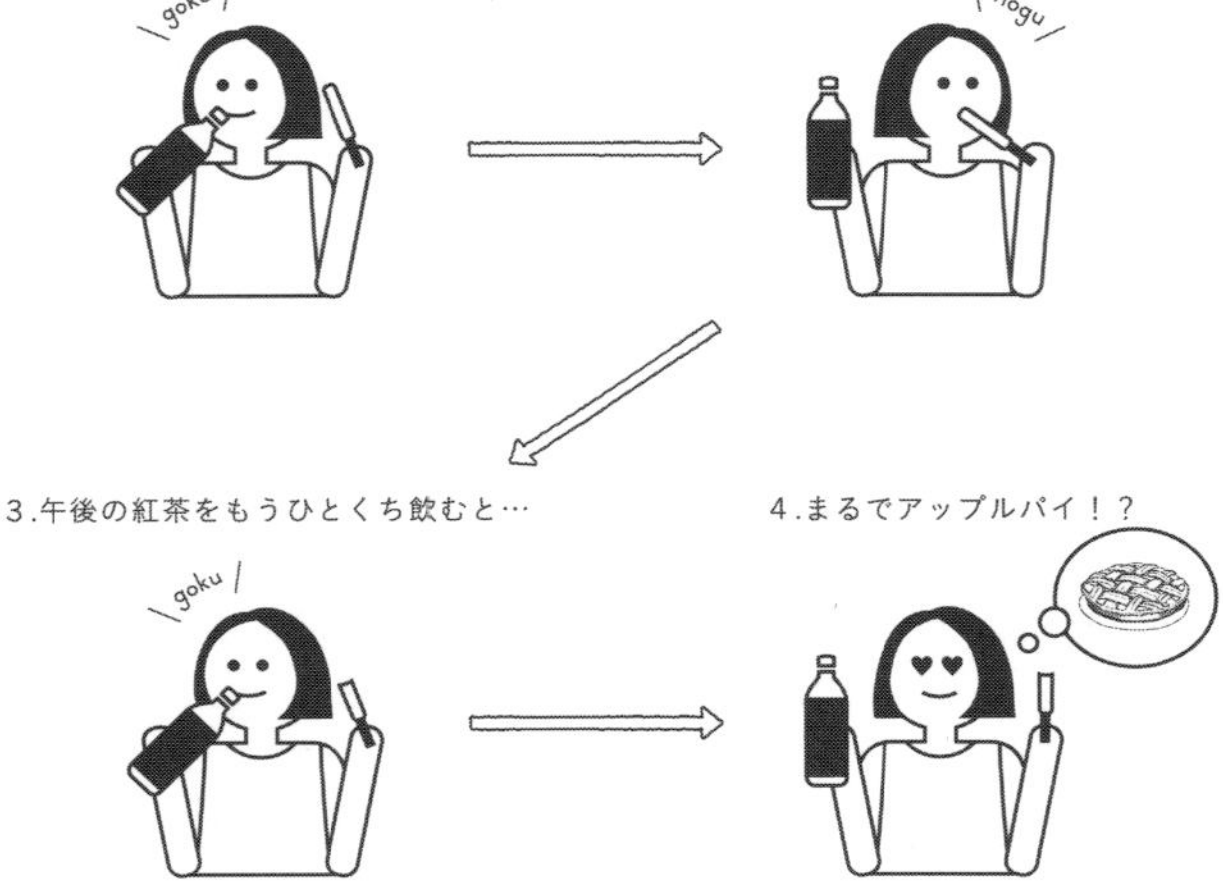

食べ合わせのお作法

そして、この食べ合わせをなるべく精度高く再現してもらうために、「食べ合わせのお作法」を開発。どの食べ方がいちばんアップルパイっぽい味わいを感じられるか、ひたすらに試食を重ね、導き出したものだ。このお作法はパッケージに記載したほか、各社のSNSで周知を図ったところ、YoutubeなどのSNSを中心に「やってみた」動画・画像が次々とアップされ、ムーブメントに繋がった。

◆売り方の企画編　第１弾

・売り方からの逆算

商品コンセプトが固まり、味覚まで決定すると、消費者との最初の接点とも言える「パッケージデザイン」の開発にとりかかった。

通常の商品の考え方でのデザインではいけない。一目見てコラボ商品だと分かることはもちろん、一緒に食べることで初めて何かが起きる、今までになかったコンセプトだと、数秒で理解してもらうことが必要だった。

飲料を買いに来た人にお菓子も、お菓子を買いに来た人に飲料も買ってもらわなくてはいけない。本能的に、セット買いという購買行動を起こしたくなるデザインとは一体・・・？

メインモチーフとなった王子様とお姫様

いろいろ頭を悩ませながら、「単品でもかわいいが、それだけでは完結しない。2商品を並べると新しい絵柄が生まれる」という味覚設計と共通したコンセプトのパッケージデザインを作り、ペアリングパッケージと名付けた。

デザインは何パターンも試行錯誤を重ねた。最終的に、ペアリングが分かりやすい、王子様とお姫様が出会うデザインが完成した。背景は繋がっており、デザイントーンは全く一緒。2つ並べることで、離れ離れだったキャラクターが手を取り合う設計だ。

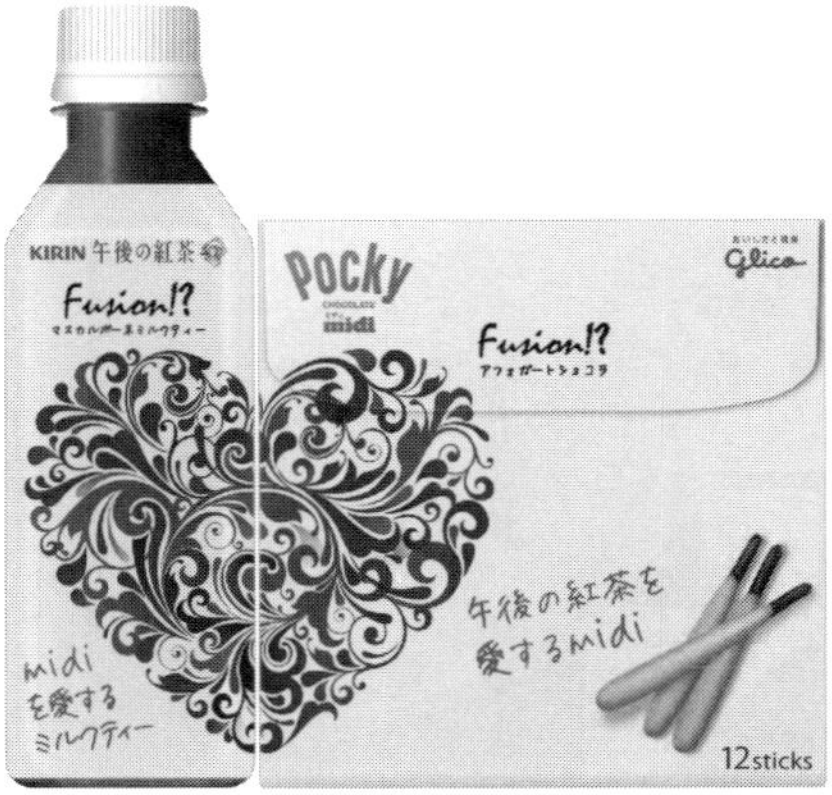

ハートのパッケージデザイン

ここでは、採用には至らなかったデザイン案を一つ公開しよう。

このハートのデザインは、ペアリングパッケージとしては王道的かつ早く伝わるアイデアである。パッと見で、セットにすることの意識付けはできる。しかし、衝動的にかわいい！と思わせ、買ってもらえるような、女性の心が動くデザインだろうか。なんとなく感じる、おとなしさと物足りなさ。直感を信じて、デザインの検討を繰り返し行っていった。

その後グループインタビューや社内での議論を経て、「王子様とお姫様が出会う」というう、ある意味ベタとも言えるパッケージデザインが選ばれたのだが、これが後述するSNSでのバズ起爆剤としても大きな威力を発揮する。

スペースが限られた店頭において、商品そのものを2つ並べるだけで「1枚絵」になる。パッケージそのものが広告、メディアになるのだ。味覚設計から踏襲したデザインコンセプトであったが、そのパワーは想像以上だった。

このペアリングパッケージの考え方も、本プロジェクトの大切なアイデンティティとして、第2弾以降のコラボに引き継がれていくことになる。

・デザイン大解剖

「ペアリングパッケージ」に込めた仕掛けについて、せっかくなのでもっと詳しく解説していきたい。

たくさんのラインナップや限定品を揃える２ブランドということもあり、パッケージデザインにはそれぞれのブランドならではのルールがたくさん存在する。「午後の紅茶」らしい色、「ポッキー」らしいトーン＆マナー。その共通項をピンポイントで見つけることは、かなり困難な作業だった。

そこで、商品として世に出すための最低限のブランド・レギュレーションは守りながらも、主軸を「一瞬でコラボ企画だと伝わること」に置くことに決めた。

まずは、カラーリング。２つの商品がセットであることを分かりやすくするために、背景ベース、商品名、キャラクターシルエットの色を揃えた。フィルムと紙箱という異素材ではあったが、なるべく近しい色にすべく、何度も印刷工場に通ってはインクの調整や試作を繰り返し、検証を重ねた。

２つを並べたときの繋がり感を強化するために、背景のデザインも高さを合わせ、絵を連続的なものにした。

コラボを一目で認識させるための、コラボマークも制作。単品買いも考慮しながら、

ペアリングパッケージ、考えうる組み合わせ

混乱させない程度に主張するマークに仕立てた。このマークは、その後制作することになる店頭ツールなどにも共通して使用した。

キャラクターシルエットに関してだが、実は全部で4人の人物がいる。「ポッキー」は箱ごとに王子様とお姫様が配置された2種類のパッケージ、「午後の紅茶」は1種類のパッケージで表と裏の2面にそれぞれを配置した。そうすることで、どちらの箱の「ポッキー」を買っても、「午後の紅茶」を裏返すだけで常に王子様とお姫様の組み合わせを作れるようにしたのだ。

また、パッケージ側面に、コラボに関する情報と、食べ合わせのお作法を明記。Webサイトなどを見ずとも、商品だけでコミュニケーションが完結するパッケージとなっている。

・棚取り合戦

「売り方」という観点でもう一つ重要な観点。それは、発売時期だ。商品発売の時期は、上司や両社の営業部門とも相談をしながら決定した。発売日に設定したのは「２月の第３週」。バレンタインの次週にあたるタイミングだが、スーパー等の量販店は菓子売り場のネタがなくなり苦労するのが通例だった。その状況をチャンスと捉え、発売日として狙いを定めたのだ。

この時期を戦略的に狙うことで、それぞれの棚での重点的な盛り上げはもちろん、セット買いの話題化・市場でのニュース化が進む空気感を醸成していった。

先に結果を言ってしまうと、前述したパッと一目で見て分かるペアリングパッケージは、店頭で多大なパワーを発揮した。斬新なパッケージデザインが、店頭の売り場づくりを狙う各流通企業の担当者の士気を高めることとなり、その結果、自主的に特設売り場を作ってくれる店舗が続出したのだ。これがどれほどすごいことであるか、メーカーにお勤めの読者の皆さんはお分かりいただけるだろう。

本来、ペットボトル飲料とお菓子は別々の売り場で売られている。だが、本コラボにおいては、2商品が同時陳列された特設スペースはもちろん、飲料売り場に「ポッキー」が冷やされながら陳列されたり、お菓子売り場に「午後の紅茶」が置かれたり、「売り場の越境」が多く見られたことが、売り上げの大きな後押しとなったのだ。

そんな売り場の慣例までも打ち破った一因は、「商談」にもコラボの考えを持ち込ん

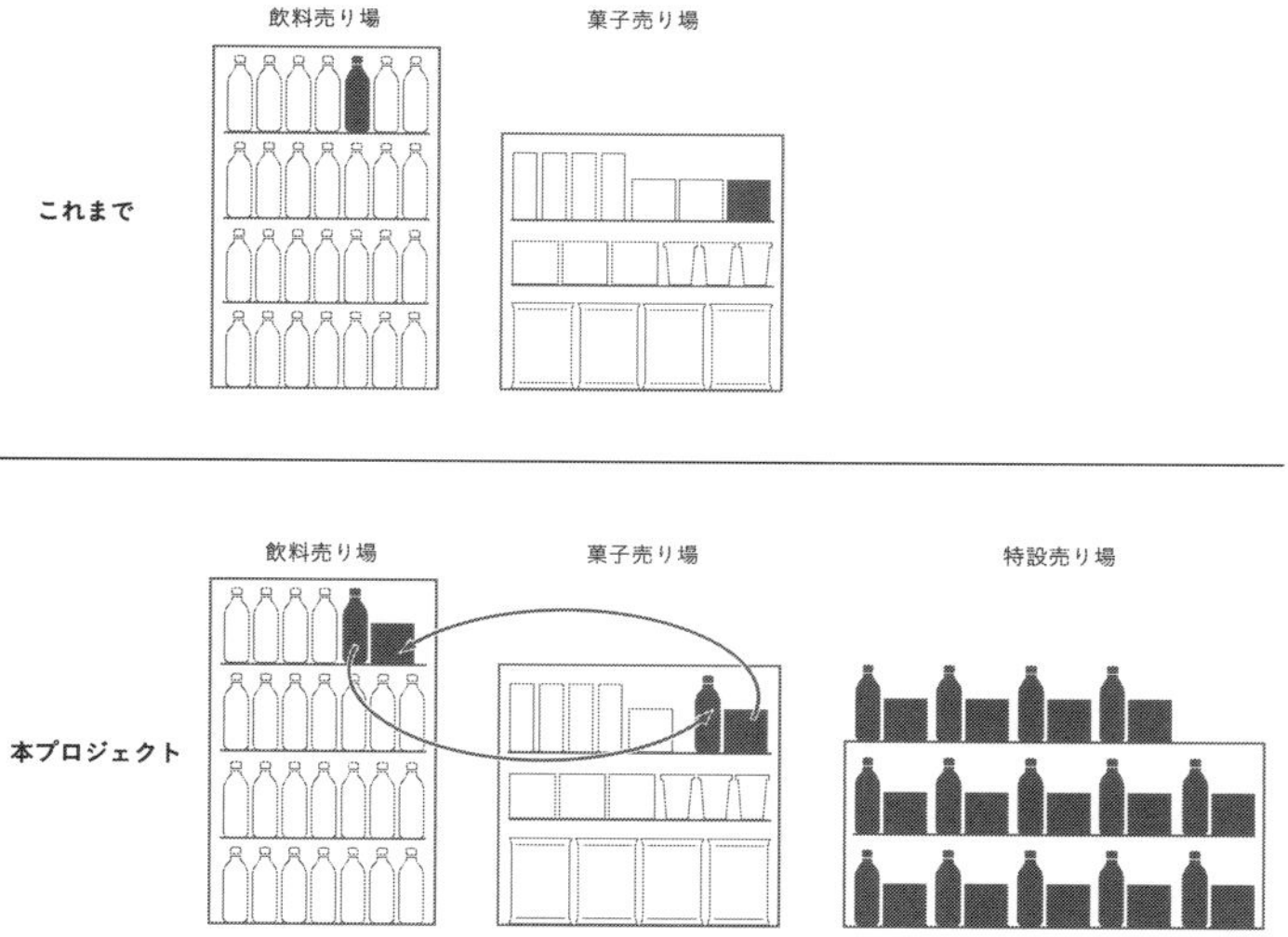

売り場を増やすロジック

だことにある。事前の情報共有など両社のリレーションを最大限に高めることで、両ブランドの営業同士が共に商談に出向くなど、売りの現場まで一気通貫した協力体制を敷いたのだ。

当然、店頭でこうした「基本ルール外」の売り場を実現するためには流通サイドの理解が不可欠だ。企業によって、菓子と飲料のバイヤーは別々であることも多い。両社の営業がコラボの取り組みの価値を理解し、取引先に伝えられたことが、キャンペーンの大きな盛り上がりに繋がったのだ。

・広告費がない！

広告費がないとき、コミュニケーションを諦めてはいないだろうか（ここでいう「コミュニケーション」とは、広告やPR、イベント、店頭、自社ホームページなど様々なチャネルを通した、消費者に知ってもらう、買ってもらうための活動という意味とする）。

そんなときこそ、商品自体を広告コンテンツと捉えてみると良い。モノづくりの段階から、コミュニケーションを設計する。分断させるのではなく、常にひと続きで考える癖をつけるのだ。

例えば、「今、世間的にはどんな味やフレーバーが求められているんだろう？」といったデータやマーケティング発想に偏った議論になってしまうところを「友だちについつい言いたくなる商品ってどんな味だろう？」と消費者視点に言い換えて、考え直してみる。

デザインだって同じだ。「ブランドの世界観をいちばん魅力的に伝えるデザインって？」と追い求めることはあってもいいが、「ＳＮＳに思わずアップしたくなるデザインってどんなデザインだろう？」と問うことも重要だ。

このような具合に、巷で話題になるフレーバーって何だろう、ニュースが取り上げたくなる製法や販売方法って何だろう、といった視点でモノづくりを捉えなおしてみると、実は世の中からは全く必要とされていなかったところに労力をかけすぎていたのかも、と反省することがある。逆にメーカーにとっては「当たり前」すぎてコミュニケーションを取ろうとしていなかったところに、消費者にとっては大きな価値を生む原石やポテンシャルが隠されていたりと、新たな発見があるかもしれないのだ。

実は第１弾では、マス広告の出稿を行わなかった。どれくらい売れるか予想もつかず、ブランド戦略の「本線」ではない期間限定モノに、大きな投資は行わないというのが両社上層部の基本的な方針だったのだ。

もちろんチームの女子全員、広告予算は喉から手が出るほど欲しかった。だが、結果的には、それが商品自体に話題化する装置を仕掛けるという知恵に繋がった。

商品が合わせて置かれるだけで十分なバリューを発揮する。「商品」と「コミュニケーション」を同時に設計することで、思ってもみなかった新たな可能性が広がるのだ。

・SNSで自走するデザイン

モノづくりの段階からコミュニケーションを設計するというメソッドに基づき、前述のパッケージデザインには、実は、一つ戦略的な仕掛けをほどこした。王子様とお姫様のシルエットをあしらうことで、表向きは常にカップルになるように、というデザインであったが、組み合わせによっては王子様同士・お姫様同士の組み合わせも、自由に楽しめるようにしたのだ。

反響は絶大だった。SNSのタイムラインには、通常の男女カップルの組み合わせ画像よりも、同性同士のペアリング画像がすすんでアップされ、「午後ティーとポッキー

ＳＮＳに寄せられた声

が分かってる件」「腐女子歓喜ｗｗｗ」「これがやりたくてコンビニ数軒回った」といったコメントと共に、予想を遥かに上回るスピードでどんどん拡散されていったのだ。

ここで大切なのはただ一つ、仕掛けについて、メーカー側からは決してオフィシャルな発信をしないことだ。こちらが最初に意図して設計したものだと公に認めてしまうと、途端に消費者（とくにＳＮＳユーザー）は冷めてしまうからだ。

ＳＮＳ全盛時代においては、消費者が

遊べる余白をあえて残し、そのあとは消費者に思い切ってゆだねてしまう、そんな勇気と割り切りも大切になってくる。時おり、ネガティブな反応が返ってきてしまうリスクはもちろんあるが、それを含めて消費者を信じて双方向のコミュニケーションを楽しむ姿勢が、ＳＮＳ戦略においては必要なのだと、私たちもこの事例から学び、確信したのである。

◆第一弾の結果 編

・ザワザワをつくる

以上のように、様々な葛藤と乗り越えるための工夫を経た結果、品切れの店舗も続出するなど、コラボ第一弾は記録的な売上を達成。見事、「ポッキー」のファンに「午後の紅茶」を、「午後の紅茶」のファンに「ポッキー」を買ってもらうキッカケを作ることができた。２ブランドがアシストしながら、両ブランドへのトライアルを倍増させたとも言える。そして、「ポッキー」と「午後の紅茶」を一緒に買う、という体験を通し、長い目でのファンを増やすことにも繋がった。

また、何よりの成果として、両ブランドの定番品の売上が同時に上がったことが挙げられる。定番品とは「午後の紅茶」ではストレートティー、レモンティー、ミルクティー、おいしい無糖といった通常の「午後の紅茶」。「ポッキー」では赤い箱のスタンダードのものや、つぶつぶいちごポッキーなどだ。コラボの限定品がニュースを作った結果、ロングセラーNo.1ブランドの存在感をリマインドさせ、ブランド全体の盛り上げへと繋がったのだ。何よりも嬉しい、当初掲げた目標の達成だった。

言うまでもなく、PRバリューも予想をはるかに上回る結果を叩き出した。広告投資は一切なかったにもかかわらず、マス・非マス問わず多くのメディアに取り上げられ、SNSでは前述のとおり爆発的にバズ化。計8万リツイートにまで及ぶツイートも見られた。海外にもそのニュースは波及し、問い合わせが相次いだ。大きなムーブメントを巻き起こしたと言えるだろう。

第 3 章

第２弾「キスするコラボ」

◆第1弾からの学び 編

・「2年目」の意味するところ

大きな話題を呼び、予想を超える売上を記録した第1弾を経て、紅茶部長とチョコ部長から「2年目もチャレンジしてみよう」と声が掛かったのは、発売から1ヶ月後のことだった。発売時期を見据えると、すぐにでもスタートしなくてはならない。休む間もなく、チームが再編成された。

こういったプロジェクトの「2年目」が意味するところは大きい。第2弾が第1弾を超える成果が得られれば、第3弾へとバトンが渡され、慣習化されるだろう。逆に上手くいかなければ、第1弾が、もの珍しさゆえに「たまたま」成功したお祭りとして片付けられてしまう可能性がある。社内、得意先から「失敗」の烙印を押される可能性だってあるだろう。そしてそれは、ブランドにダメージを与えるリスクへと繋がる。期待という名の大きなプレッシャーに勝たなくてはならない。ヒット映画の「パート２」が、その後の行く末を大きく左右するのと同じだ。

しかも、第１弾のように「午後の紅茶とポッキーがコラボした」というニュースバリューは使えない。それ以上の新しい価値を見つけ出さねばならない。緊張感に身が引き締まる一方で、「もっとできる」という根拠のない自信が私たちにはあった。そうして、第２弾プロジェクトが幕を開けた。

・ＤＮＡの分析

第２弾をはじめるにあたって、第１弾プロジェクトの成功のポイント、つまりこのプロジェクトのＤＮＡを３つにまとめてみた。

①1＋1＝3になる、マリアージュ味覚設計

②店頭でパッとみて目を引く、ペアリングパッケージ

③消費者の遊び心をくすぐる「余白」を残したコミュニケーション

1つ目は、味覚設計。単品で食べてもおいしい2商品ではあるが、それをあえて食べ合わせる理由をつくらなくてはならない。甘い飲料と、甘いお菓子。普通であれば難しく思える組み合わせを、どう無理なく誘導するか。そこで、「3つ目の新しい味」という答えを見出した。2つではなく3つ、というお得感。誰かに伝えたくなるワクワク感。思わず試したくなる気持ちをつくる作戦だ。

こんなことを言ってしまっては怒られるかもしれないが、お客様にとってのいちばんの価値は「2品を食べ合わせる体験そのもの」であり、「本当にアップルパイの味になるかどうか」は次の段階であると思う（もちろん我々としても、そこは突き詰めたのだが）。お客様同士が「アップルパイってこんな感じ？」「あ、一瞬だけアップルパイになった！」「はじめに紅茶を飲んでからすぐ食べると、なるかも！」と試しながら感想を引き出し、いかに楽しい錯覚を起こさせられるか。「食べ合わせ」のアイデアは、今までにないティータイムのひと時の体験を作り上げたことにあったのだ。

２つ目は、ペアリングパッケージ。店舗の中でもひときわ華やかなパッケージがせめぎ合う飲料売り場、菓子売り場において、埋もれないことは第１条件。その上で、足早に通り過ぎる人々の目を引き、消費者が「何これ？」と商品を手に取る、最初のフックとなること、そして、コラボがきちんと伝わることが求められていた。その結果生まれたのが、２つで１つになるデザインだった。同じ世界観の中で、王子様とお姫様が互いに手を取り合うシルエットのイラスト。「午後の紅茶」、「ポッキー」それぞれに２種類のデザインがあり、複数の組み合わせを楽しむという仕掛けも施した。

この組み合わせが、３つ目のＤＮＡに繋がる。合わせて食べる、という敷居の高さを突破するには、消費者の能動的なアクションを期待しなくてはならない。その際に必要なのが「余白」なのである。消費者は新しさを求めている一方で、押し付けがましかったり、悪ノリがすぎたりすると感じた瞬間、その熱は急に冷めていく。ちょうどいいと思ってもらえる絶妙な温度感を作るためのもの、それが「余白」なのだと思う。今日の情報過多の時代には、コミュニケーションを展開するときに、この「温度感」をうまくコントロールすることが重要だ。決めつけすぎない、見せすぎない、限定しすぎない。完全ではなく少し隙間が空いているように見えて、接する人それぞれが楽しめるポイントを決められる。それが、今のコミュニケーションに求められる「余白」だ。

第1弾の「余白」は、王子様とお姫様の組み合わせ方に自由を与えたこと、また、人物をシルエットにすることによる「匿名性」や、広告をはじめとするコミュニケーションで緻密な情報をあえて明かさなかった「不明瞭性」にある。消費者がクリエーティビティを発揮できる余白を用意する。その狙いが功を奏して、余白を生かした遊びがインターネット上で多く見られたのだ。

結論から述べると、第2弾は第1弾のこれらのDNAを完全に踏襲し、モチーフを「進化」させたアウトプットとなった。とはいえ、はじめからそうしようと決めていたわけではない。第1弾と同じ手法で、ターゲットのインサイトをもとにしたコンセプトメイキングは、ゼロベースから考えた。合計すると100以上ものアイデアを出しただろう。しかし、最終的に選んだのは、第1弾の踏襲にあたる「1＋1が3になる、味とデザインのマリアージュ」を進化させるアイデアだったのだ。

◆「進化」の施策 編

・食べ合わせの再考

こうして決定した方向性だが「進化」をどう遂げるかが肝と言える。注目したのは、1年目に残した課題の1つ、「食べ合わせの精度」だった。「アップルシナモン味の午後の紅茶」と、「バターカスタード味のポッキー」は、単品で食べればどちらもおいしい。合わせて食べると「アップルパイ」になるという仕掛けは、そのトリッキーなアイデアで話題を呼んだが、正直な所、10人食べて10人がアップルパイになるという食べ合わせの完成度には至っていなかった。「午後の紅茶」と「ポッキー」が、同時に口の中にあるのはほんの一瞬。その一瞬の間だけでも「錯覚」できるような味覚設計を実現させることが求められていた。

第１弾では、そこに至るまでのコンセプト設計のプロセスに時間を使った関係で、十分な味覚設計の検証をすることが難しかった。結果、ＳＮＳ等で「アップルパイになるかならないか」論争を呼ぶことになった。それはそれでコミュニケーションとしては成功と捉えることもできるかもしれない。ちょうどYoutuberたちの「〇〇してみた」ブームに乗れたことも大きい。しかし、その部分が話題化されるのは、本来の狙いではなかった。そして何より、食品メーカー２社として、譲れない部分でもあった。

そこで第２弾では、中味を開発する研究所メンバーを中心に、世の中にあるありとあらゆる「ＡとＢを合わせたらＣの味になるらしい」といった情報を収集して検討していった。

難しいのは「Ａ」も「Ｂ」も、単独でおいしい「午後の紅茶」や「ポッキー」であること。たとえば、よく知られた食べ合わせに「プリン＋醤油＝ウニ」というものがあるが（このあるあるがきっかけになったことは前述の通りだ）、これを採用するとどちらかの商品が「醤油味」を担わなくてはならず、単品での売り上げが見込めない。コラボをする際、

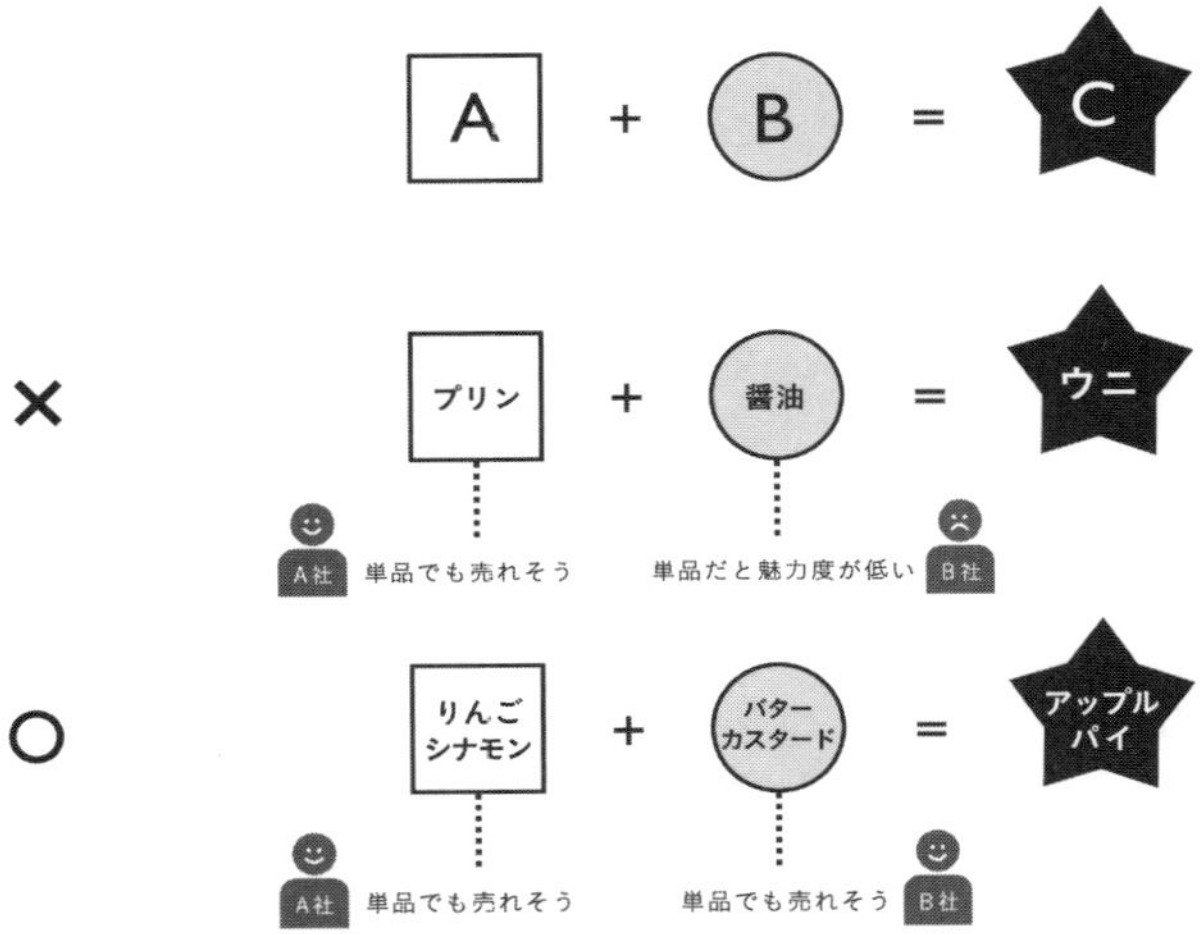

食べ合わせの分解図

どちらにも同じだけのメリット&ベネフィットが享受できることが望ましいため、この組み合わせは成立しないということになる。

さらには、CにはAの要素もBの要素も含まれていないもののほうが、食べ合わせたときに驚きが大きい、ということもある。たとえば、抹茶とあんこが宇治金時になるのは当たり前で、はちみつときゅうりがメロンになるから面白い。

その際、あくまでチョコレート菓子であり、紅茶であることを忘れてはな

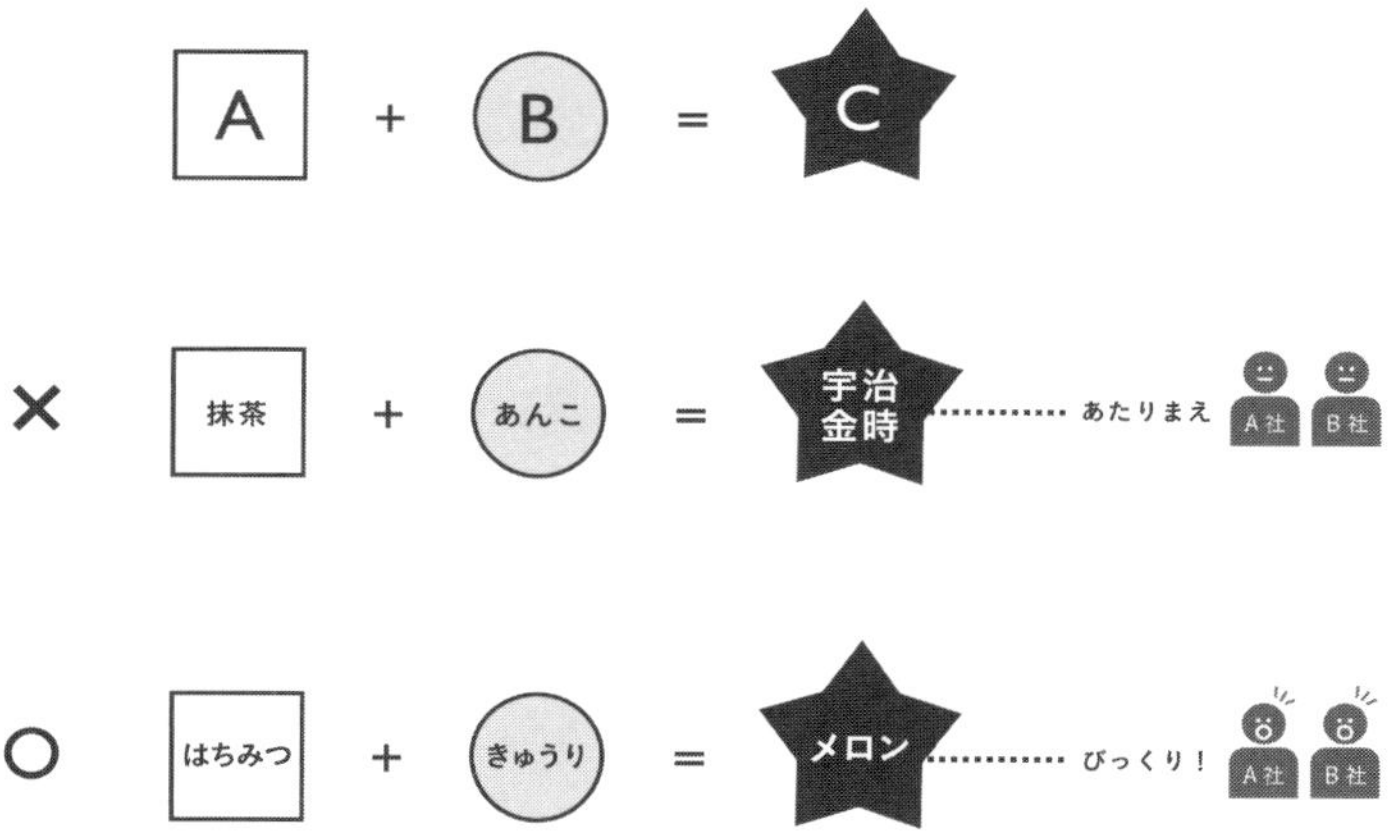

びっくりな食べ合わせには、単品の魅力度にも注意が必要
→どちらが「きゅうり味」を担う？

らない。「午後の紅茶だから」「ポッキーだから」といって指名買いしてくれるお客様を裏切らない、最低ラインがある。そうすると、例えばコーヒーが含まれるものは難しい、とか、チョコレートと合わなそう、といった問題が出てくる。それらを一つずつ解決しながら、共通の判断軸を持って、味覚設計を進めていった。

また、両ブランドともラインナップを多く持っているため、同時期に発売される他商品との兼ね合いも難点だった。似たフレーバーやコンセプトの商品があれば、営業商談上、どちらかが打ち消されて採用が見送られてしまう可能性があるからだ。

候補となるマリアージュでいくつかの試作を重ね、たどり着いたのが「ヨーグルト風味の午後の紅茶」と「レモン味のポッキー」で「レアチーズケーキ」になる、という方程式だった。単品それぞれでもおいしさを感じられるだけでなく、結果にもサプライズ感があるフレーバーだ。試作を繰り返し何度も試食を重ねた（ときには試作品を発送し合い、TV会議でモニター越しに東京と大阪とで試食・試飲をすることもあった）。

この時期のプロジェクトの進捗を大きく左右するポイントを挙げるのであれば、お互いに「これはおいしくない」と正直に言える関係性、と答えたい。メーカーにとって商品は顔というのは言うまでもない。試作品といえど、研究者たちが汗水を流しながら作り上げてきたものである。それに容赦なく、他メーカーや広告会社社員が（それはつまり素人が）、一消費者としての感覚で判断してメスを入れていく。そこに、プロジェクトメンバー＝ターゲット世代、という設定が生きてくる。自分が百円以上を出して買ったときに満足できる味か、さらに、わざわざリピート買いするかどうか。どこにでもいる、ごく普通のシビアな20～30代女子、として振る舞うことを、共通のスタンスにしていた。

・ペアリングパッケージの進化

コンセプトはすでに、マリアージュの進化形で決まった。味覚も、追求した結果「ヨーグルト風味の紅茶＋レモン味のポッキー＝レアチーズケーキ」に決定。次なる問題は、パッケージデザインにあった。

はじめに私たちが考えていたのは、実際に発売した商品とは全く異なるアイデアである「縦に繋がるパッケージ」だった。第１弾が「横に繋がるパッケージ」であるならば、２年目は進化の方向として「縦」と考えたのだ。垂直に立てた「午後の紅茶」が「お

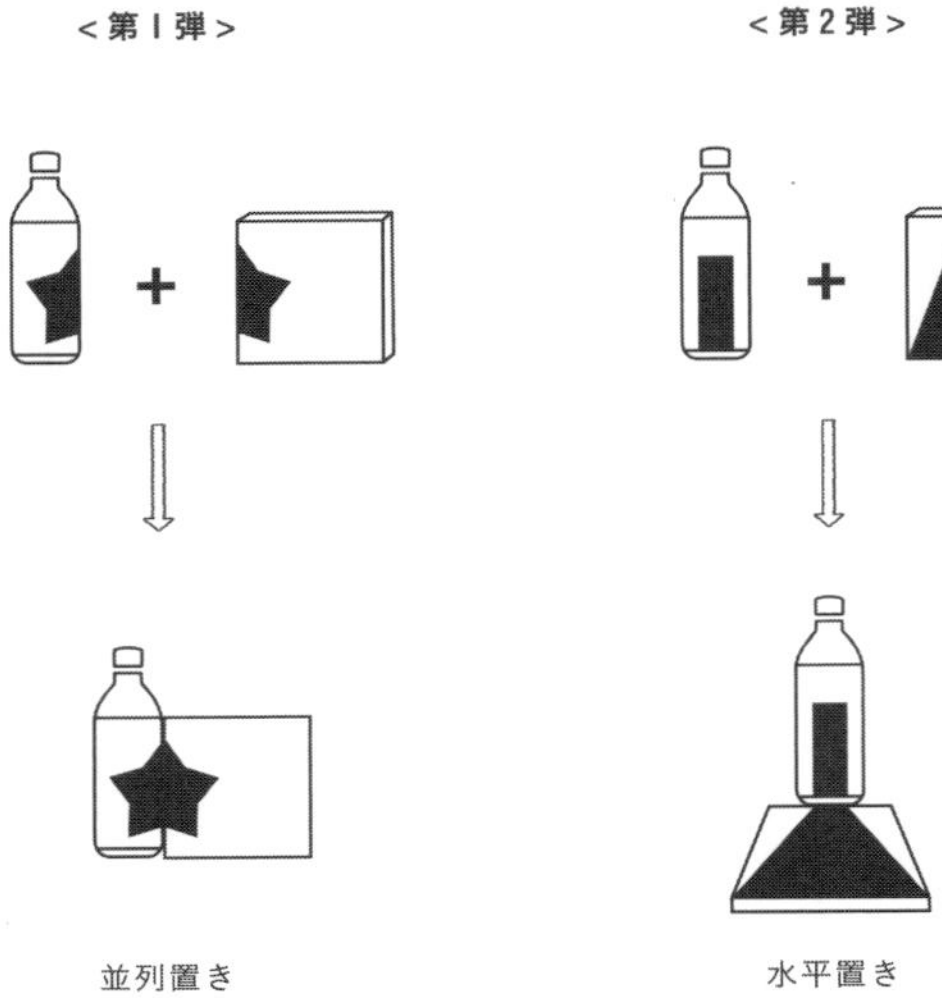

ペアリングパッケージの考え方（第2弾プロジェクト開始当初のもの）

菓子の家」で、その手前に寝かせて置かれる「ポッキー」は「道（!）」という、今考えるとなんともシュールなものだった。

ある種フォトジェニックではあったかもしれない。しかし、そこには大きな問題が潜んでいた。コンビニエンスストアやスーパーなどの店舗で置かれる際の「陳列」である。

店舗の棚というのは、取り合いである。ましてや、飲料や菓子などといった、期間限定品や新商品が次々と出ては消えるカテゴリの棚は、1週1週

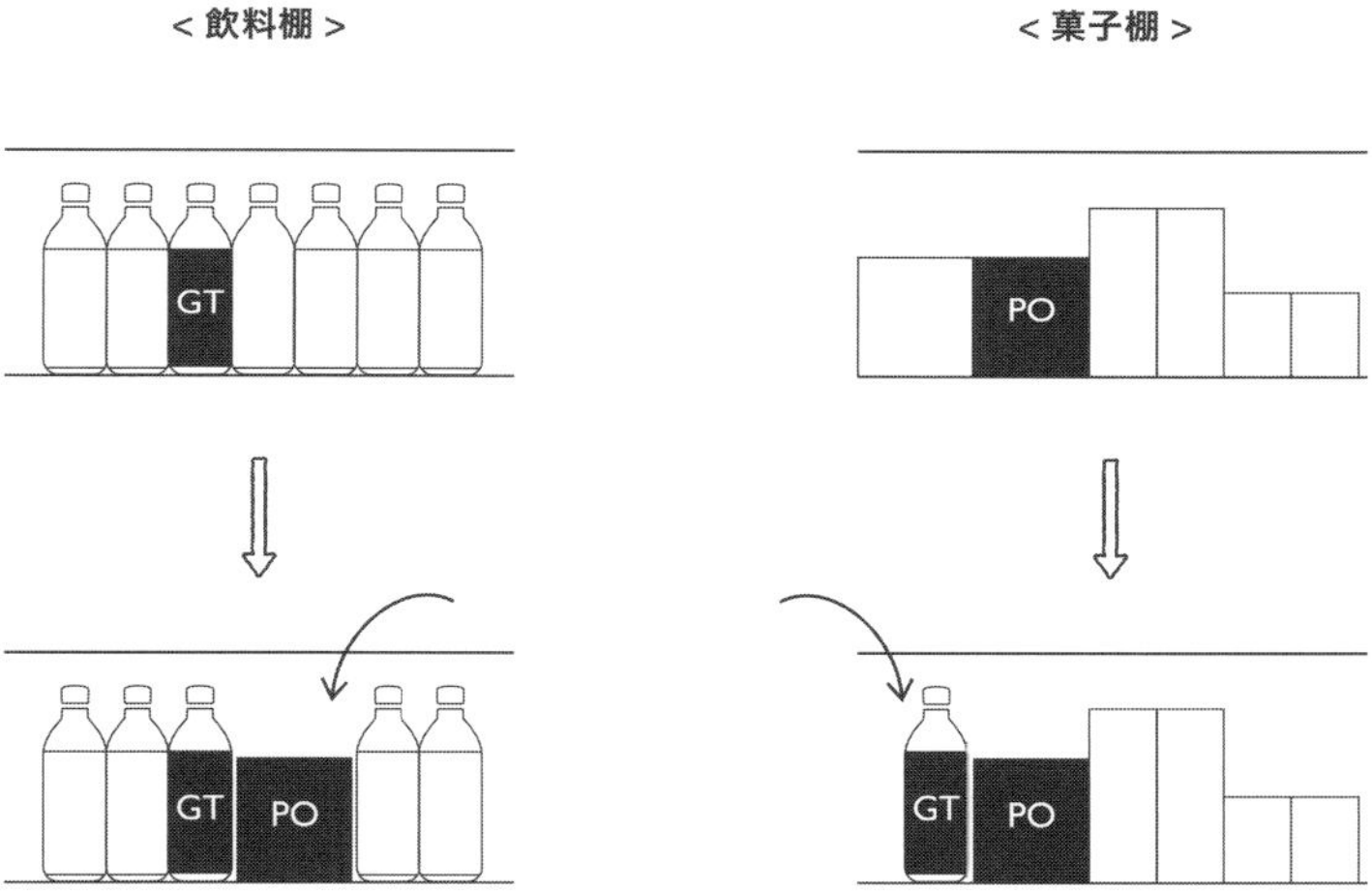

違うカテゴリの棚への参入

が戦いであると言っても過言ではない。第1弾で横に繋がるパッケージを制作したのは、これまで述べてきた通り、商品が置かれる場所を増やす狙いがあったからだ。飲料売り場に「ポッキー」を、菓子売り場に「午後の紅茶」を。そうすれば、人の目に触れる面積が、単純計算で倍になる。しかも、この企画を流通の担当者が面白く思ってくれれば、別で特設売り場を設けてくれる可能性もある。そうすれば1店舗あたりに置ける商品の量も倍と言わずどんどんと増えていく。

第2弾では、そんな前提をすっかりと無視して突っ走ってしまっていたことに、営業部門の社員にヒアリングをかけた際にはじめて気づいたのだった。片方を寝かせる方法では、とても陳列がしづらく場所を選んでしまう。パッと見たときに、「午後の紅茶」しか目に入らない可能性すらある。

それに、更に重大な問題としては、プロジェクトの約束事でもある「女子が右脳でかわいい！」と思えるデザインにはなっていなかったことだ。「道」のデザインの「ポッキー」に、ターゲットは脊髄反射的に手が伸びるのだろうか。「第1弾からの進化」を追い求めていたばかりに、私たちの情熱の根源さえ無視したものになってしまっていた。

では、前回と同じ「横に繋がるパッケージ」の枠組みのなかで、どんな面白いことができるのか。もう一度パッケージのモチーフを検討し直すことにした。

そこで、ひねり出されたのが「キス」だった。「1年目は手を繋いでいたから、2年目はキスというのはどう？」きっかけは、誰かの冗談半分での発言だった。たくさんの男女がキスをしている様子をいざデザインに描きおこしてみると、どう見ても強い。それは、言葉では表現できない、誰かの恋バナで盛り上がっている女子会の場のような、ときめきと照れが入り混じった、まさに「右脳が反応する」デザインになっていた。論理的にも、キスは単品で見ても自然と「相手」や「方向性」を想起させる。左脳でも、右脳でも、しっかりと納得のできるアイデアだったのだ。

今だから言おう。「キスでいきたい！」、と決めた私たちの唯一の心配事は、キリンとグリコという、マジメでちょっぴりお堅いとも言える会社組織で、しかもそれぞれの看板ブランドである「午後の紅茶」と「ポッキー」からこんなパッケージの商品が本当に発売できるのか？　ただそれだけだった。（「キスだけじゃありません」と言い訳できるように「おあずけポーズ」「ケーキのキャンドルを吹き消す」のデザインも混ぜてみたものの、ほんの気休めであることは私たちがいちばん分かっていた・・・）

そんな不安を押し隠し、上司たちに向けたプレゼンテーションでは「１年目が〝手を繋ぐ〝デザインで、それが進化して2年目は〝キス〟です」と堂々と言ってのけた。一度プレゼンテーションの場で提案していた「お菓子の家と道」という平和なモチーフが一転した状況に、このI、2ヶ月のうちに一体何が起きたんだ？　と上司たちは目をパチクリさせながらも、そのデザインのインパクトの強さに理解を示してくれていた。もちろん「これ、女子から見るとかわいいの？　本当に売れる？」と何度も尋ねられたが。賛否両論は巻き起こすかもしれない、でも「ざわつき」は起こせる、と確信を持って私たちは「ＹＥＳ」と言い続けた。

長いやりとりの末、紅茶部長とチョコ部長の合意は無事取り付けることができたのだが、彼らも同じことを心配していた。商品発売のためにはそれぞれ、社に持ち帰って経営会議を通さなければならないのである。どちらかI社でも通すことができなければ、またふりだしに戻ってしまう。

ここで、コラボの妙が上手く働いた。I社だとトライするのに躊躇してしまうようなパッケージデザインも「あのグリコさん（キリンさん）がＯＫと言っているのに、ウチはダメなの？」と、両社のネームを「利用」し合ったのだ。最終的に両社とも、経営陣が「これはコラボで、〝お祭り〟だから」と腹をくってくれた結果、晴れて「キス」で商品化が決定した。

また、キャラクターについても、進化をさせた。第１弾での、王子様とお姫様という架空の登場人物であるシルエットイラストから、第２弾では今の日本にどこにでもいるようなリアルな若者の表現に変更することにしたのだ。ファッションや髪型、ポーズに至るまで細かく設定しながら、いくつかのイラストのタッチを検討。しかし、描き込みすぎた人物が食品パッケージに描かれた様はどこか生々しく、気軽に手にとるのを憚られる。一方で、メルヘンチックすぎたり、かわいすぎると、ターゲットを狭めてしまったり、パッケージとしての強さが無くなっていく。20〜30代女性が、イラストの人物像に自分を重ね合わせられるようなリアルさがありながらも、「午後の紅茶」と「ポッキー」らしいさわやかさを両立したギリギリのトーン＆マナーを探った。

キスするキャラクターバリエーション

プロジェクトメンバー内においては、目的や課題認識は共有できているとはいえ、イラストのディテールとなると、最終的には各々の主観とセンスが入り乱れる「感覚」の世界に突入する。さらに、明確な嗜好品であるお菓子と、嗜好品といえども一日持ち歩いて人目のあるところで消費されたりもする飲料、という性質の違いで、許容できる表現のレベルは微妙に異なる。日頃腹を割っている3社チームだからこそ、それぞれの主張は激しく、このときはプロジェクト史上最も「揉めた」女子会でもあった・・・。空気を読み合うただの仲良しチームではないからこそ、ときにはこういった事件も勃発するのだということは、念のため記しておきたい（笑）。

最終的にはもちろん商品を手に取る人のことを第一に考え、アウトプットを詰めていった。議論の分だけ距離も縮まる。全員のこだわりが詰まった、妥協のないパッケージが仕上がった。

「リアルさ」や「共感」を生むための、今っぽいファッションや髪型の具体的なディテールを取り入れながらも、目や表情をあえて描き込まずに抽象的に仕上げることで、手に取る人が妄想を膨らませたり、自由にストーリーを作って遊べたりするような「余白」を残したデザインが完成したのだ。

第２弾のパッケージデザイン

◆売り方の企画編　第2弾

・コミュニケーションターゲットの設定

第2弾では、ほんの少しではあるが、広告宣伝を実施できることになった。このコラボ商品が売れると、その隣にある定番品までも売り上げが伸びることが第1弾で実証されたため、このコラボのムーブメントをさらにブーストさせることが目的だった。とはいえ、テレビCMが出稿できるような予算ではなかったのだが、単純な話、2社の予算を足せば2倍になる。期間限定の新商品という、ブランドポートフォーリオ上で見れば決して大きくないプロジェクトにとっては、この投資は有難いものだった。

では、その予算をどう使うか。商品のターゲットは大きく「20～30代女性」としているが、効率的な投資を行うため、広告コミュニケーションターゲットを明確に絞ることにした。

ターゲットとしたのは、第1弾で特に反応してくれた、

①InstagramやTwitterを中心としたSNSを使いこなし、リアルな生活でも発信力の高いリア充女子

②男性ペアや女性ペアにした組み合わせのパッケージに反応してくれそうで、デジタルメディアとの接点も多いオタク女子

という、真逆にある2つの層である。

どちらも、それぞれのコミュニティにおける発信力に長けており「拡散力がある」人たちだ。①には新しいもの好きに喜んでもらえる文脈で、②には知れば知るほどじわじわと面白がってもらえる文脈でのコミュニケーション。少ないコストで話題を最大化するため、彼女たちの情報発信が自走するような設計を行うことにした。

・セット買いを加速させる仕掛け

ターゲット層が決まったところで、次はどのようなコミュニケーションを行うかを考えなければならない。

こういった限定商品は、たいていの場合、一度買って満足されてしまうことが多い。それは、開発している私たち自身にも当てはまることだった。そこでまず、第１弾からの学びも生かして、キャラクターを複数用意し、パッケージバリエーションを作ることで、複数買い、リピート買いのモチベーションを作ることにした。

「午後の紅茶」には男女が３人ずつ、「ポッキー」には男女が１人ずつで、合計８人の男女のキャラクターを用意。ただ、今っぽい装いをしているものの、決して著名なキャラクターなわけではない。そこで、さらなる話題化のために「ＡＲムービー」の施策を取り入れることにした。

２商品を買って横に並べ、スマホアプリでパッケージを読み込むと、２種類（ポッキー）×６種類（午後の紅茶）で合計12種類の男女がそれぞれの会話を繰り広げるARアニメーションムービーが見られる、というものだ。商品パッケージそのものが読み取りマーカーになっており、商品だけ買えば、誰でも無料で見られる仕組みにした。

そのアニメーションの制作にあたり、キャラクターの名前や相関図、性格まで細部にわたり設定していった。命名は、ターゲット世代の男女に多い名前のランキングを参考にした。キャラクターたちのやりとりを少しでも「自分ゴト」化してもらうためだ（実際、「姉妹の設定のキャラクターたちの名前が、自分と姉の名前と同じだ！」というお客様のツイートを見たときは密かにガッツポーズした）。

キャラクターの名前や相関図は、商品に記載するわけではなく、あくまでコラボの特設サイトやARアニメで楽しんでもらうためのものだ。こうした、多くのお客様の目には触れずに終わるかもしれない部分を作り込むのは無駄ではないか？　と思われるかもしれない。ただ、どっぷりと足を踏み入れてくれたお客様にもっと楽しんでもらいたい、という純粋な気持ちと、第１弾で再認識した「余白」と「温度感」への信念のもと生まれたこだわりでもある。つまり、前のめりに発信はしないが、お客様の妄想力を刺激して、全力で遊べる土台を用意したのだ。

念のため、自分ゴト化して話題にしてもらうための8人のキャラクターデザインについて、もう一度整理しておく。

①今っぽい流行のファッションや髪型

②その雰囲気に応じた、ストーリー上の性格付け

③ターゲット世代に多い「名前」で命名

④妄想を誘発する、描き込みすぎない表情

ここまで緻密に計算しなければ「2つ買い」という高いハードルを越えることは難しい。テレビCMのようなほぼ強制視聴の一方的なコンテンツとは違い、わざわざ2つの対象商品を同時に買って、並べて、動画を見ようとしてくれる人の期待に、きちんと応えられるコンテンツでなくてはならない。能動的なアクションを起こしてもらうためには、「見たい」と思わせるだけのクオリティを担保することは必須だということ

だ。もちろん、キャラクターデザインだけでなく、相関関係についても同様に精度を追求した。

ただ、相関図づくりにはやや苦労した。「ポッキー」のパッケージデザインは2種と決まっていたので、「ポッキー」側の2人の男女が「午後の紅茶」側の6人の男女をそれぞれ相手にしなければならないのである。そのため、どうしても「ポッキー」側の2人はやや奔放なキャラクターとなってしまったが（笑）、カップルは計1組ずつで、残りは片思いだったり、気になる幼馴染だったりと消費者に不快に思われない、ギリギリのところに設定した。そしてもちろん男性同士、女性同士の組み合わせでも楽しめるよう、恋愛とまではいかないがほんのり妄想をかきたてられるストーリーを準備することになった。

電通のメンバーには普段からCMを企画制作するクリエーターもいたが、あえて全員でストーリーのベースを考えることにした。思わず赤面してしまう「胸キュンストーリー」を宿題にし、グループLINEで発表し合った。右脳でドキドキ・ニヤニヤしな

登場人物相関図

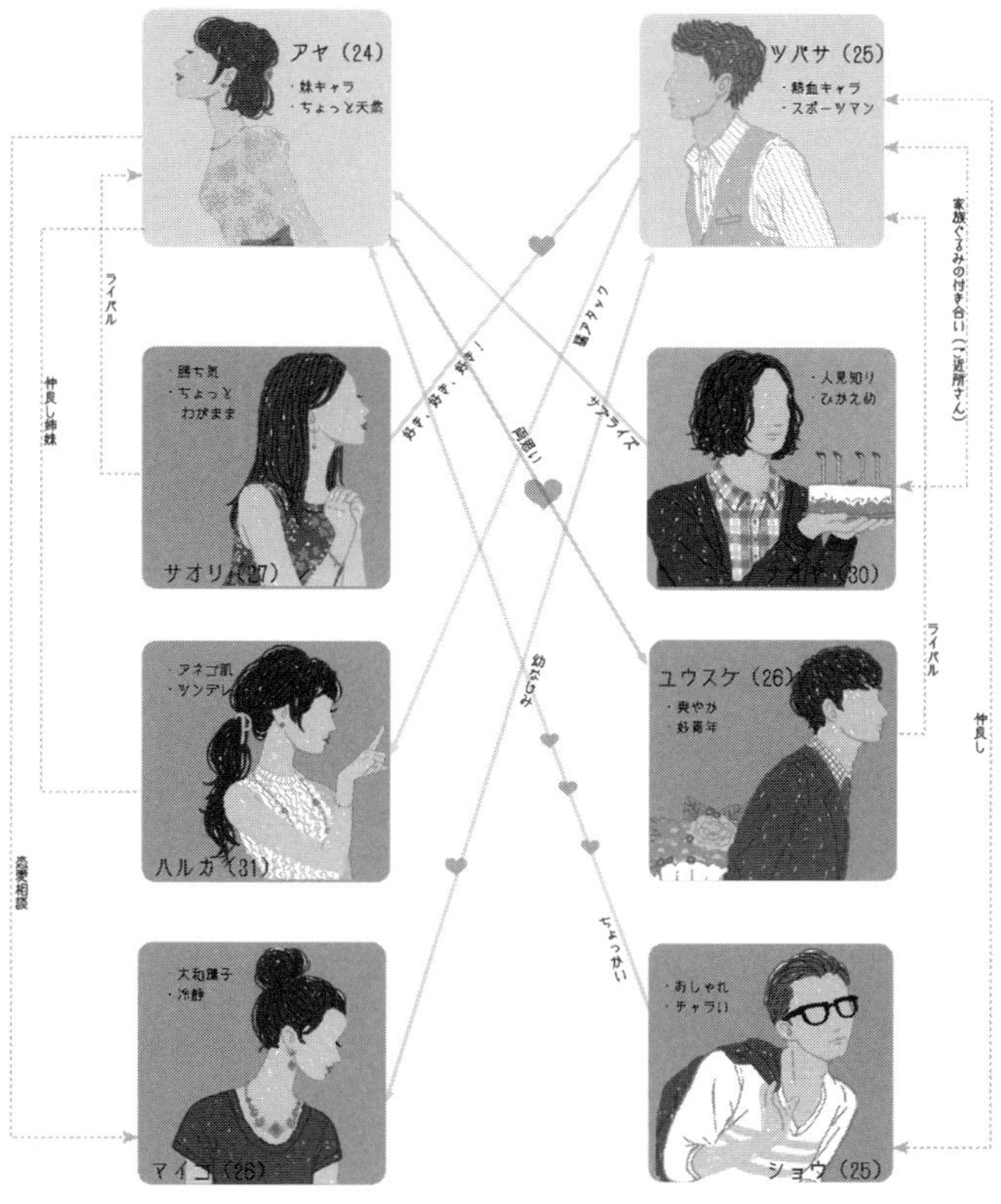

キャラクター相関図

ＡＲムービー

がら、左脳で冷静にメンバー間でフィードバックをする。勇気を出して送信したのに、残念ながらボツになってしまった胸キュンストーリーも数知れずだ・・・。

大枠のストーリーができたところで、これらの「ＡＲムービー」の声優をどんな人に依頼するか検討していった。話題性やリーチの広さを考えれば、旬の若手お笑いタレントあたりが適当ではないかという話もあった。だが、ここはコミュニケーション・ターゲットであり、キャラクター同士の絡みを最も歓迎してくれるであろう「オタク女子」の熱量を信じることにして、彼女たちに支持される、人気アニメの声優４名を起用することになった。

この判断は、結果として功を奏した。オタク女子向けキュレーションメディア「Otajo」にＰＲ記事を出稿したことで話題をもう１ヤマ作ることができただけではなく、ＡＲムービーの鑑賞を目当てとした複数買い・リピート買いに繋がった。コラボに関するツイートのうち、全体の約４分の１程度がこの声優の起用に関するものだったので、効果のある施策だったと言えるだろう。

声優たちによる声でお届けできないのが残念ではあるが、ムービーの字コンテを以下に載せる。

「キスはあいさつ」篇

アヤ　　シヨウくーん♡おはよ～
シヨウ　アヤちゃんおはよ～
　　　　(静止して待つ)
アヤ　　ん？
シヨウ　あれ、おはようのキスは？
アヤ　　も～う！
　　　　Chu（ほっぺにキス）
　　　　これでいい？
シヨウ　う～んまだ足りないな。
アヤ　　ハイ！
　　　　Chu Chu（再びほっぺにキス）
シヨウ　…あれ？
　　　　っていうか
　　　　誰がほっぺでいいって言った？
アヤ　　んも～！！
　　　　シヨウくんの
　　　　い・じ・わ・るーーー♡・じ・わ・るーー
　　　　♪～
NA　　　あまずっぱい恋をしよう。
　　　　恋の午後の紅茶とポッキーミディ。

「幼なじみ」篇

夕暮れどき、同じ方向を向いて歩きながら話す２人。

ツバサ　こうやって２人で会うの、久しぶりだな。
マイコ　そうだね、昔はあんなに一緒だったのにね。
ツバサ　マイコは最近…その元気なわけ？
マイコ　ん？　ほら、見ての通り元気だよー！
ツバサ　そーか…ならよかった。
　　　　（しばらく無言の２人）
マイコ　あっ、あのさ
ツバサ　ん？
マイコ　スキって言ったらどうする？ツバサのこと。
ツバサ　…
マイコ　ごっごめん。幼なじみなのにダメだよね。
ツバサ　ダメだよ。
　　　　（ばっとうしろからあすなろ抱き。キスするツバサ）
ツバサ　（耳元で）先にスキになってたの、俺だから。
　　　　♪～
NA　　　あまずっぱい恋をしよう。
　　　　恋の午後の紅茶とポッキーミディ。

「バースデーサプライズ」篇

ナオヤ　今日はアヤちゃんに、サプライズがあるんだけど…
アヤ　えーなに？
　（突然ケーキがあらわれる）
ナオヤ　お誕生日、おめでとう！
アヤ　わ〜！　ありがとう！　ナオくんの手作り？
ナオヤ　まぁね。
アヤ　実は！　私からもサプライズがあります。
ナオヤ　えっ？
アヤ　私の誕生日、来月です！
ナオヤ　えっ！
アヤ　でも大丈夫！
ナオヤ　えっ？
アヤ　今日、うちのパパの誕生日だから。
　このケーキ、家族で食べるね！
　また来月もよろしく〜！
ナオヤ　うっ…うん…
　♪〜
NA　あまずっぱい恋をしよう。
　恋の午後の紅茶とポッキーミディ。

・街じゅうでキスする２週間

ＡＲムービーでは「オタク女子」をターゲットとした「深く刺さる」コミュニケーションに振り切ったので、残りの予算は「リア充女子」の生活圏を中心として、広くリーチを取るために使用することとした。

Instagram全盛期がはじまっていた頃だったので、おそらく彼女たちは、商品そのものを写真で撮ってＳＮＳで話題にしてくれるのではという目論見はあった。広告クリエーティブについても様々な切り口を検討したが、内容を複雑にするよりも「２商品がキスする」という一目で伝わるビジュアルを徹底的に生かした、フォトジェニックな広告が良いのでは、という結論に至り「扉」を使った広告展開を実施することにした。

場所は、東京と大阪で多くの人が行き交う、ＪＲ東日本の山手線と大阪環状線の車両の「扉」だ。ー編成をまるごとジャックし、男女がそれぞれ描かれた両開きの扉が閉

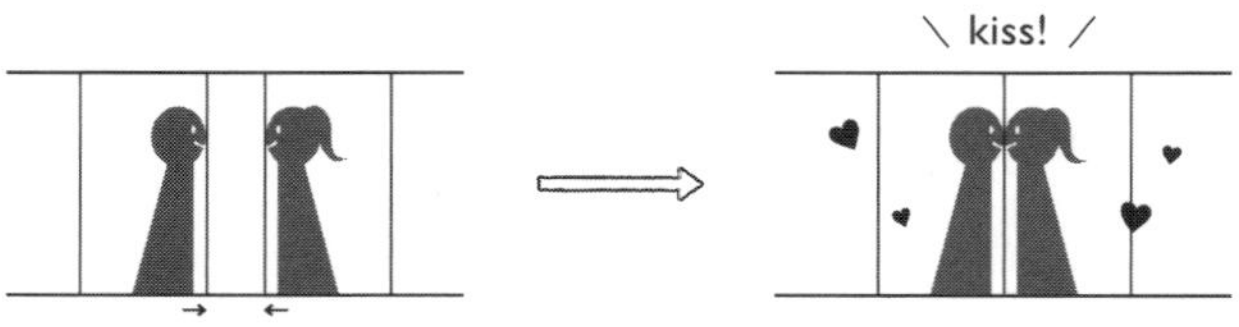

「扉」を使ったキス表現

まるたびにキスをする、というクリエーティブに仕立てた。

検討段階では、車内の中吊り広告をキリンとグリコで一枚ずつ出稿して、隣同士で掲出するというアイデアもあったが、車両の扉が閉まるたびにキャラクターたちがキスするという、動きを兼ね備えたビジュアルのインパクトを選んだ。

車両のラッピング広告を2社で実施することは、複数広告主による広告となり通常では難しいことである。そこをなんとか実施にこぎつけていただいたJR東日本企画さん・JR西日本コミュニケーションズさんには、ここで感謝の意を述べさせていただ

「扉」を使ったプロモーション

きたい。
さらに鉄道だけではなく、街中に「キスできる扉」はないか？　と考え、人通りも多くターゲットと相性の良い「駅ビルのエレベーター」が候補となった。いずれも、通常は広告媒体としては販売されていない場所だが、店内での商品サンプリング等と掛け合わせることで、ルミネやパルコといった複数の商業施設での設置が可能となった。ショッピングを楽しむ女子たちを待ち受ける場所であるエレベーターの扉いっぱいに、デカデカと印刷されたキャラクターたちがキスする広告。通り過ぎる人々が思わず立ち止まってしまう、インパクトある仕上がりとなった。

そしてもうひと押し、「リア充女子」たちの拡散力にも期待し、0 to 0 広告も試みた。この施策では「Couples（カップルズ）」という若者をターゲットとしたカップル専用アプリを採用した。恋人同士が「LINE」のようにコミュニケーションをとる専用のアプリなのだが、当時、10〜20代の恋人のいる男女の約3分の1が使用しているものだった。理由としては、LINEだと恋人との大切なやりとりが他の人との会話で埋もれてしまうので、見落としを防ぐために使用しているカップルが多いということだった。

キャンペーンとしては、このアプリ内で、発売前の商品告知とともに「カップル２人のキス写真」を募集した。集まったキス写真は、池袋パルコ店頭のボード広告の一部として掲出される、という触れこみだ。するとたった３日間で数百枚のキス写真が集まった。ちょうどMixChannel（通称ミクチャ）といった動画サイトで高校生カップルを中心にキス動画をアップするのが流行していた時期でもあった。リア充女子たちの恋愛観、恐るべし。ちなみに掲出を確認するために池袋パルコの店頭に行ったところ、広告ボードを背景にキャラクターたちに重ねるようにキス動画を撮影している高校生カップルに遭遇した。もしかしてキス写真を応募してくれたカップルなのだろうか。仕掛けている側なのに見ているこっちがドキドキしてしまったのは内緒だ。

◆第２弾の結果 編

・フォトジェニック市場での情報流通

選定したターゲットに徹底的に狙いを定めて情報拡散を図った第２弾の結果について、ここでは振り返りたい。

既存の手法にとらわれないコミュニケーションに複数チャレンジしたわけだが、まず、商品発売の１ヶ月前に商品リリースを発信した時点で、すでに予想を大きく超えるざわつきを感じることができた。２社から発表するＰＲリリースに添付した商品画像を、消費者が自ら画像加工し、男性同士、女性同士の組み合わせでパッケージを組み替えた画像が次々とTwitter等に投稿されていった。１万リツイートを超えるような投稿も複数あり、発売前にもかかわらず、一気に反響を呼んだのだ。

もちろん、パッケージ開発の時点で「狙って」はいたのだが、まだ広告も打っておらず、商品が世の中にも出ていない段階でここまで話題を呼んだことは、なかなかない経験であった。とはいえ、情報が何よりもの価値として消費されるSNS時代においてはごく当たり前のことなのかもしれない。商品がどの程度話題になるかどうかが、リリース段階で分かってしまうシビアな環境なのだとも言える。

また、それぞれのSNSの特徴によって、商品が語られる文脈をキレイに棲み分けられる結果となったのは興味深かった。

Twitterでは、発売前後を通じて、同性同士のネタが語られつづけた。こちらの期待どおり、キャラクターたちを自由に組み合わせて楽しんでくれている様子がうかがえた。なかにはペアにしたパッケージで楽しむに留まらず、複数人が登場するストーリーを展開しているものや、キャラクターに顔を描きこんでいたり、有名人の写真を合成したりと、そのクリエーティビティに我々も驚かされた。また、「性の多様性」といった時代感のあるテーマで語られる材料となるまでにムーブメントは波及していった。

一方で、世の中はちょうど「フォトジェニック」や「インスタジェニック」といった言葉がもてはやされている時期でもあった。女子たちは自分が見つけてきた〝インスタ映え〟するモノをこぞってInstagramにアップした。「自分の感性に合うかわいいモノであること」が絶対条件であり、それは予約して手に入れた限定コスメでも、表参道のパンケーキでも、そしてこの商品でもいい。手に入れるための金額や労力よりも「かわいい」かどうかが重要なのだ。価格が激化する飲料や菓子にとって、2つ合わせて300円を超えるセット買いは安くはないはずなのだが、この「フォトジェニック市場」においてはその金額の壁は決して高くないのかもしれない。

このように各SNSを通じて商品はもちろんのこと、交通広告、エレベーターの扉をも次々とアップされ、拡散していった。

・販売結果

このように話題化に成功した第２弾は、販売面でも大きな結果を残した。「午後の紅茶」「ポッキー」ともに、なんと、第１弾の売上の約２倍を記録したのだ。両商品とも数ある限定商品のなかでトップクラスの回転率であったし、１年目に課題としていた大手コンビニチェーンでの採用率がぐっと上がったことがさらに後押しになった。これは１年目の実績が流通からの信頼へと結びついたことも大きいと考えられる。

さらに、既存の定番品の同時購買も提案する販促ツールを導入し、定番品の同時露出に営業が意識的に取り組んだ。キリンとグリコの営業による「コラボ商談」や店頭での「コラボ陳列」も、２年目となると営業同士が顔見知りになっていたり、やりとりが体系化されてくるのでお手の物である。メーカーサイドの意気込みが伝わると流通サイドの期待も高まっていく。

コラボ商品を中心に置いて、「午後の紅茶」と「ポッキー」の定番ラインがずらっと大量陳列された商品の「島」が、全国の量販店に発売日に一斉に立ち上がった。これが「午後の紅茶」や「ポッキー」を最近買っていなかったお客様が久しぶりに手に取るきっかけとなり、2ブランド全体の売上とファンの拡大に大きく貢献したのだ。こうして、売上・話題ともに「成功」と言われた第1弾を進化させながら、結果的には大きく凌駕するかたちで第2弾は大成功を収めたのだった。

第4章

第3弾「おとぼけコラボ」

◆3年目のジレンマ 編

・過去を超えたいという思い

大ヒットの余韻にどっぷりと浸っていた頃だった。第2弾の発売から1ヶ月後、3度目となるコラボの実施が決まった。3年目は、節目の年。新メンバーも迎え入れ、チームのモチベーションもこれまで以上に増して高まっていた。

続けることで、徐々にメンバー間での焦点が合いやすくなり、狙いどころは明確になっていく。プロジェクトとしての輪郭が鮮明になることで、1年目の課題は2年目に生かされ、2年目の課題を3年目に生かそう、と、自分たちの行動がアイデアに昇華されていくのを、肌でひしひしと感じていた。女子のインサイトに徹底的に寄り添ったアイデアベース、味のマリアージュ&パッケージの遊び心&セット感のあるプロダクト、狙いを明確にしたプロモーションなど、コアとなる部分が見えつつあった。

しかし、マーケター、クリエーター、開発者の性ともいえる上昇志向が、その邪魔をした。「1年目、2年目を超えてやる！」前年の売上を超えたい、前年よりも面白い企画にしたい、前年よりおいしくしたい、周囲の期待に応えたい…そんな前のめりで一生懸命な思いに駆られた。そしてそれがいつの間にか「過去と同じことをやりたくない」という思考へと、シフトしてしまったのである。

既存のアイデアの延長線上をいくのではなく、ゼロベースで考え直すというのは、もちろんいいことではあるのは言うまでもない。しかし決して、残すべき「本質」とトレードオフするものではない。私たちがそう気づけたのは、ずいぶんあとのことである。

・いまの女子って何者？……立ち止まる勇気が発見したリアル

過去2回のスタディをもとにスタートした第3弾。いつものようにインサイトの掘り起こしから、コンセプトアイデアを練っていった。

しかし、メンバー自身が持つ実感値としての「女子」イメージと、世間や男性上司たちが抱いている「女子」イメージとの乖離が顕著なことは、もう無視できなくなっていた。

世間的なイメージで分解すれば、女子＝かわいいモノ好き、ピンク好き、キラキラ好き、カラフル好き、恋愛好き、スイーツ好き、となる。まるで少女漫画に出てきそうなテンプレート的な女子だ。もちろんそういった側面も持ち合わせているのは事実だが、外見も中身もそういった女子は、一体どこに生息しているのだろうか（少なくともその全ての条件を24時間完璧に満たす「女子」は、私たちの周りにはいない）。いつの時代も変わらない「ザ・女子」なテンプレイメージは虚像でしかなく、リアルは別のところにあるのではないか。はたまた、そのイメージがアウトプットに制限をかけているのではないか。私たちは一度、具体的なアイデア議論を止め、改めてその疑問を解き明かすことに専念した。

●「おっさん女子」の顔

いまの女子のリアルな生態分析。行き着いたのは恐ろしくも「二面性」「三面性」という答えであった。オンオフにかける力の差が年々顕著になり、どんどんと本来の素顔が隠されてきているのだ。

普段はキレイな格好をして働く女子も、家ではスルメをかじりながらＳＮＳ。デートではカクテル、女子会ではハイボール、家では焼酎お湯割。Ｉｎｓｔａｇｒａｍで撮る俯瞰からの食事写真も、フレームの外はぐちゃぐちゃ。かわいいパジャマもｉｎして着ていたり、鍋からそのままラーメンを食べていたりもする。

つまるところ、癒し系女子にも、ウサギ系女子にも、少なからずの「おっさん女子」素質があるのである（たまたまプロジェクトメンバーに、おっさん女子が多かったなんてことは、けっして無い、はず）。

言い換えれば、「ザ・女子」に疲れているということかもしれない。かわいいものを「かわいい！」とテンションMAX、1オクターブ高い声で言わなければならない。甘いものの行列に並んで、「おいしい！」ってかわいく食べなきゃいけない（おいしそうなスイーツを目の前にしながら、食べる前にインスタ用の写真に収めなければ女子じゃない、みたいな空気を出すのは止めてほしい。無心で貪りつきたいくらいお腹が空いているときだって正直ある）。世間が作ったフィルターに、窮屈さを感じているのだ。だから家では、ポーンとその殻を脱ぎ捨て「おっさん女子」になる。

そこで出てきたインサイトが「表の顔、裏の顔。見た目はかわいく着飾っていても、中身はオヤジ。ギャップを秘めながら日々生きている女子たちの遊び心をくすぐるもの」だった。

もちろんかわいいいものは好きだから、見た目はかわいいものを選びたい。でも、そうなると大抵味は甘いものばかり。たまには、しょっぱいハンバーガーやポテチに手をのばしたいときもある。そんな気持ちを、「午後の紅茶」と「ポッキー」で表現できないかと考えたのだ。甘い紅茶とチョコレート菓子で？　そう、その意外性も面白いと思ったのである。

・禁断のジャンキー（ボツ案）

前述の「おっさん女子」を基に生まれた、ボツ案を１つ公開しよう。惜しくも商品化には至らなかったが、私たちが実現させたかったアイデアだ。

それがこの「Girl's Junky」。ファストフードと言うと、ジューシーなハンバーガーやポテト、炭酸飲料のイメージが強いが、１つ１０００円を超える高級ハンバーガー

ボツになった「Girl's Junky」デザインイメージ

ショップや、欧米のオーガニックハンバーガーチェーンの進出などで、近年は形態を変えながらますます人気が高まっている。一方で、高カロリーのメニューが多く、女子らしさとは遠いところに置かれがちなジャンルだ。しかし女子だって、いつもベリーやらパンケーキやらを食べたいわけじゃないということは繰り返し述べてきた。しょっぱいものが欲しいときや、ちょっと刺激を求めるときに、ちょうどいい商品がほしい。そんな気持ちに応えた商品アイデアが「午後の紅茶ティーコーラ」「ポッキー　チーズポテト」だ。

「午後の紅茶」は、少し色の薄い炭酸の紅茶。飲むと口いっぱいに、コーラの香りが広がり、炭酸が弾ける。しかし後味は、すっきりとした紅茶。甘ったるさは残らない。ティー＋コーラという新しい味わいに感動したことを鮮明に覚えている。一方、「ポッキー」は、チーズの香りが豊かな黄色い「ポッキー」。甘いのにしょっぱいチーズのチョコレートが、ポテト風味のプリッツにつけられているものだった。これら2つを食べ合わせると、まるでコーラとポテトのセットを食べているかのような感覚を味わえるのだ。

正直に言って、最高の出来だった。3年目にふさわしい、全く新しいものができた。と、思っていた。しかし、上司陣であるチョコ部長と紅茶部長のジャッジはNOだった。あとにも先にも100%のNOを突きつけられたのは、このときだけだっただろう。

理由は明快だった。やりすぎ。狭すぎ。ブランディングを考えても、既存ファンのケアを考えても、リスクの方が上回っていた。ブランドが長年大切に培ってきたイメージから離れすぎているという、ブランドマネジメントに責任を負う立場からの冷静な判断だった。

・いまこそ力を抜いて　右脳と左脳の使い方

そんなジャンキー案を含む3案を用意して迎えた、3社合同の会議当日。コンセプト、デザイン、試作品、全てを準備して挑んだ。・・・そして、全案で玉砕した。出した案の全てに共通していたのは「両ブランドの約束事」を大きく超えてしまっているということ。過去を超えたいという気持ちが強すぎたがゆえに「過去と同じことをやりたくない」という思考が働き、それはいつしか「過去と同じ＝悪」という認識になっていた。通常の商品開発ならできないこと、コラボだからこそできる企画をしたい、と考えていたのもその勢いを後押ししていた。

その会議で、チョコ部長と紅茶部長から言われた言葉があった。

「パッと見で、ターゲットの女子がかわいい！　食べてみたい！　と素直に思える企画になっているのか？　左脳で考えるのではなく、右脳で力を抜いて考えてみたらどうか」

そう言われて一時は「ターゲットである私たちが良いと思っているものに対し、なぜオジサンたちにそこまで言われなければならないの？」と反発心が働いた。その場では持ち帰りとなったが、再度女子チームで集まって冷静に考えると、私たち自身が「おっさん女子」を超えてホンモノの「おっさんリーマン」になっていたのかもしれないことに気付いた。右脳で気づいた女子のインサイトを、熱心に深掘りするあまり、いつしか左脳ばかりを使っていたのだ。左脳と右脳を行ったり来たりして、そのバランスを保たなければならない。企画を決めるさなかに居ると、そんなシンプルなことに気付けないものである。

「おっさん女子」からの「ポテト＆コーラ」。落ち着いて考えれば、非常に説明的だ。そういったものが食べたければ、そのコーナーに行く。わざわざ「午後の紅茶」や「ポッキー」を見ることすらないであろう。二兎を得ようとして何も得られない、むしろそんなイロモノに、大切なファンが傷つく可能性の方が大きいのだ。

ロングセラーブランドだからこそ、コラボ企画で思いっきり遊べることは事実だ。だがそれは、長年かけて培ってきた「ブランドイメージ」や「信頼」があるからこそできることだということを決して忘れてはならない。「ポッキー」ブランドが、「午後の紅茶」ブランドがやることの意味、両者のブランドが揃ってでしかできない理由の上に、ここでしか作り出せないアウトプットを築く。もちろん、ブランドを壊すリスクはゼロとは言えない。しかし、ブランドの鮮度アップのためのニュースを作るには、お客様の信頼を裏切らないなかで、でもその期待の遥か先を目指して行かねばならないのだ。

もう少し掘り下げよう。本プロジェクトのようなペットボトル紅茶やチョコレート菓子などの商品は、時間をかけて吟味して買うような類のものではない。仮にハズしても諦めのつく低価格品、好きじゃないと判断されてしまってもよい嗜好品のカテゴリに入るからだ。つまり「あ、おいしそう」「かわいい」「はじめて見た」くらいの、条件反射とも言える「反応」で購入を決めているのだ。

商品開発を行うと、どうしてもコンセプトからのロジック積み上げ型になりがちである。それは、商品発売のためには会社としての経営ジャッジが必要になるし、組織を動かすためには多くの社員が納得できるストーリーが備わっていることが必要不可欠であるから仕方ないとも言える。そのため、ターゲット、市場、競合など様々な内的&外的要因に影響されて、商品が発売に至るまでに論理武装されていく。

だからこそ、その積み上げたロジックをどれだけ右脳的な「感覚」ベースのアウトプットで表現できるかが、魅力度を上げるための肝となってくる。コンセプトのインパクトを、左脳ではなく右脳に訴えかけられてはじめて、消費者に手に取ってもらうことができるのだ。

・「マーケター」から「ターゲット」へ

ふりだしに戻った私たちは、本プロジェクトの強みの1つである、マーケター、研究所、デザイナーである前に、コラボ商品のターゲット女子であることに立ち返った。そこで「女子のhappinessとは何か?」ということを、1からブレストしてみることにした。それは、第1弾、第2弾では自然と行われていた、最初のステップだ。忘れていた感覚を取り戻すように、話をはじめていった。

「髪型が決まったときかな、うまく巻けたときとか」「デート前日は、やっぱりアガるかも」「突然LINEが来る、みたいな不意打ちも好き」「出張の前って、なんだかんだウキウキしてるかも」業務というより、もはやただの女子会のように見えるブレスト会議の場で、私たちはターゲットに寄り添うようにして話し合いを続けた。

気づけば、ザ・女子のイメージに固執していたのは、他でもない私たち自身だった。ピンク、キラキラ、ゆるふわ…それらはあくまで女子を表現するためのピースの「表面」

であり、その「内部」には不変的な女子の、かわいい、恋愛、前向きなどの共通したインサイトを発見することができた。ピンクであることが大切なのではなくて、ピンクが気持ちを盛り上げてくれることが大切。その気付きでやっと、正しい方向に進みはじめた。

第3弾のはじまりは、このように遠回りをした。しかし、この過程も必要なものだったと考えている。新しいことをはじめることと、同じことを繰り返さないことは、似て非なることであるということ。そして、アイデアで飛ぶことと、ニッチに行ってしまうことは全く違うということに気付けたからだ。最終的な決定軸は、ブランドとしての約束事からそれないところにあるということにも立ち返ることができた。暴走気味だった私たちを制止してくれ、思考の固まりを柔和にしてくれる機会にもなった。

新しさを求める結果、考えすぎて狭い方向に入ってしまい、そもそもの目的を見失う。開発プロジェクトでは、往々にしてこの現象が起きる。いま、あなたの考えている企画は、その罠に陥っていないだろうか？　常に、視点を様々な場所に置き換えながら、消費者に寄り添う事を忘れてはいけない。

ちなみに余談ではあるが、この会議で両部長に対して「女子が考えたものに、女子っぽさが足りないって言ってくるんかいっ！」とプロジェクトメンバーが、心の中で一斉にツッコミを入れたのは秘密である。

◆コンセプト再出発 編

・キーワードは「ヌケ感」

説明的ではない、女子インサイトの解釈。
行き着いたのは「完璧さとヌケ感を両立していることが大事」というインサイトだった。詳しく説明していこう。

インサイトを深堀りするにあたり、一つのペルソナ像を設定した。就職を機に地方から都心に出てきて日系メーカーで事務をする、「午後野ぐり子」さん。27歳。独身で、彼氏はいないが遊ぶ男子はいる（※ここが重要）。早々に結婚して家庭を持っている友だちもいるけど、自分は仕事を頑張りながらキャリアアップしていきたいし、プライベートも楽しんで、自己成長していきたい。自分なりのこだわりを持って自立した大人の女性として周りから認められたい。もちろん、今どき女子としてのミーハー魂も健在。見た目のかわいさやトレンド感、好奇心を駆り立てるワクワク感は大好物。

そんな、仕事にプライベートにと全力投球でアクティブに過ごす「午後野ぐり子」さんが大切にしていることとは？　と発想を広げていった。そんな彼女のインサイトは頑張りすぎて、キメすぎているように見えないこと。つまり「ヌケ感」である。完璧すぎない、ほどよいヌケ感や突っ込みどころをあえて作ることで、親しみやすい、愛されレディーでありたい、と考えているのだ。キャリアップしたいし、認められたいのだが、決して「ザ・キャリアウーマン」になりたいわけではない。

「ヌケ感」とは、ファッションで言えば、あえてフェミニンなワンピースにモッズコートを合せたり、最新のトレンドで押さえたモードファッションを、スニーカーで少し崩すようなイメージだ。きちっとヘアセットをしてからわざとトップや襟足の髪を引き出す「おくれ毛」などもこれに当たるだろう。

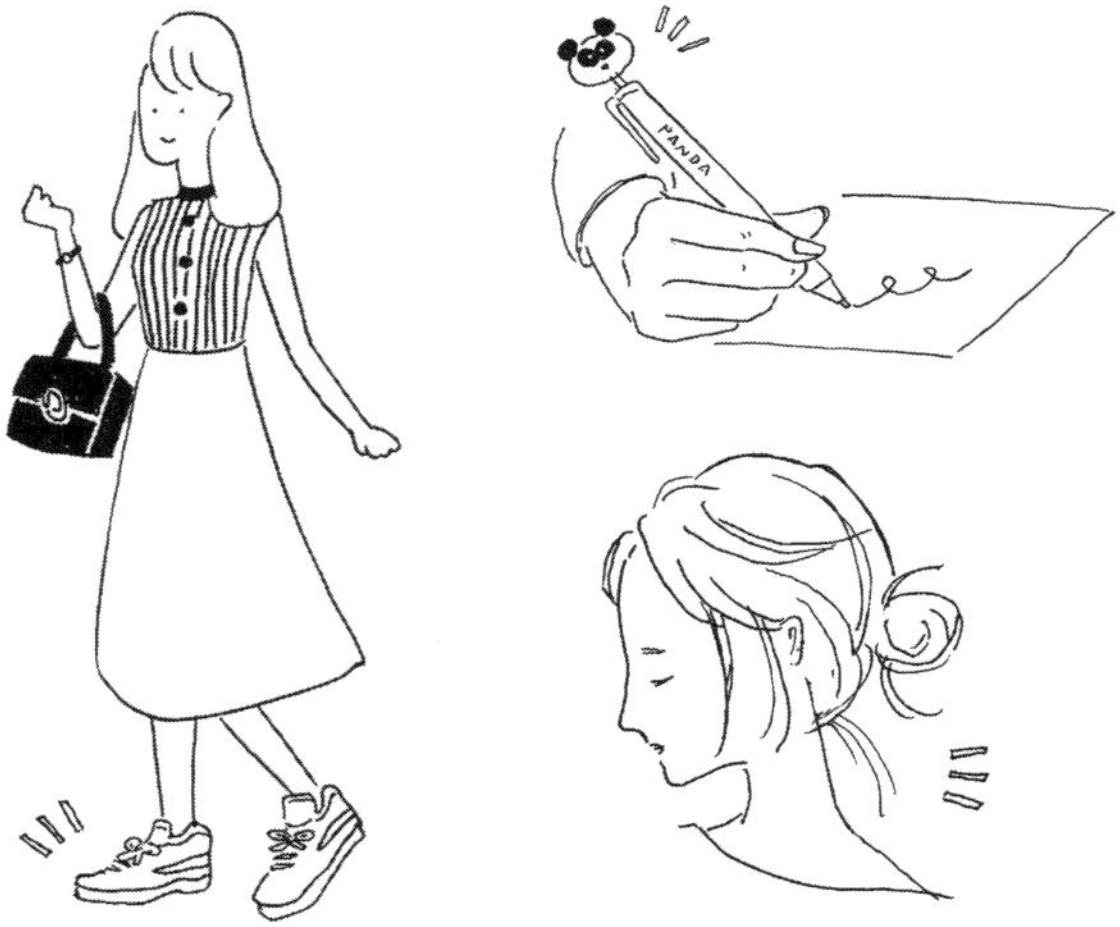

「ヌケ感」のイメージ

そんな「ヌケ感」を意識的にかつ潜在的に持っている今の女子たちに向けて作る商品。ロングセラーブランドで誰もが知っている、ある意味〝正統派で完璧な存在〟である「午後の紅茶」と「ポッキー」だからこそできる「ヌケ感」で、彼女たちに共感してもらうことはできないかと考えた。

そうしてようやく、第３弾の企画趣旨「ちょっと抜けてる、午後の紅茶とポッキー」が導き出された。完璧じゃなくたっていい。女子のリアルな気持ちに寄り添った「〝おとぼ

デザインバリエーション

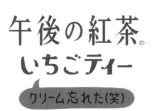

商品名ロゴ

け〃午後の紅茶&ポッキー」の誕生だった。

・商品名でコンセプトを表現

第３弾は〃おとぼけ〃コラボとなったのだが、商品名からそのおとぼけははじまっている。「午後の紅茶」は「クリーム忘れた（笑）いちごティー」、「ポッキー」は「いちご忘れた（笑）クリーミーバニラ」。それぞれが材料を一つ忘れてしまったために、食べ合わせることで初めてショートケーキが生まれる、という商品構造にしたのだ。商品名に（笑）と入れたのは、おとぼけ感の演出（つまりはテヘペロ感の演出）だったのだが、おそらく世に数多ある商品の中で、最初で最後

ウッカ・リーニョ　テンネーン　アワテンボーノ　オッチョコ・チョー
オット・リザベル　テヘ・ペロンヌ　ユメミ・ガーチス　ドーニカ・ナルーサ

おとぼけパティシエ

なのではないだろうか…（笑）

全パッケージには、人でも動物でもない「おとぼけパティシエ」が8匹登場する。それぞれがヌケてたり、おっちょこちょいだったりする、クスッとした小さな笑いを誘うキャラクターである。

ご覧いただくと分かるが、実はそれぞれに名前がついている。どんなおとぼけなのか、名前で表現しているのだ。

◆売り方の企画編　第３弾

・おとぼけの唄　楽曲開発

２つの商品のセット買いを促すために、第２弾からＡＲを導入している。２つの商品を横に並べることでパッケージをマーカーとし、ＡＲムービーを見られる仕組みだ。

第３弾では、そのムービーをおとぼけのエピソードを盛り込んだ歌にした。パッケージにいるキャラクターが動き出し、歌いながらパッケージの周りをぐるぐると回る。「午後の紅茶」と「ポッキー」それぞれに４種類のキャラクターがいるので、その組み合わせによって４×４＝16通りのムービーが見られる構成だ。

このおとぼけエピソードは、メンバー全員から募集し、電通のメンバーが歌詞に起こした。そのどれもが、ターゲット世代である自分たちの実話だ。

商品をかざすと現れる「ARムービー」

ひらけゴマ 篇

今日も今日とて　おとぼけさん
うっかり　天然　おとぼけさん
混んでる朝の改札で
なぜだか後ろが　大渋滞
だって…
定期じゃないもん社員証
お～とぼけ　お～とぼけ
お～とぼけ　お～とぼけ

どっちが忘れんぼ 篇

今日も今日とて おとぼけさん
あわあわ ヌケ気味 おとぼけさん
お弁当忘れた　ダンナさん
自転車こぎこぎ　届けたよ
なのに！
自転車　忘れて　帰ってきました
お～とぼけ　お～とぼけ
お～とぼけ　お～とぼけ

おとぼけアドバイス

それぞれの曲の最後には、おとぼけアドバイスをつけながら、短くも共感できるような仕立てにすることを心がけた。3章でも述べたが、わざわざ2商品を買って、並べて、アプリをダウンロードして、観る、という手間をかけてくれるお客様の期待に少しでも応えようとする想いゆえだ。

・タレントを起用したおとぼけレポートムービー

「おとぼけ」というコンセプトを周知させるためのプロモーションの一環として、あるモデルを「おとぼけ大使」に任命、起用した。完璧な容姿とは裏腹に、独特の日本語表現でお茶の間を爆笑の渦に巻き込む、まさに今回のテーマ「ヌケ感」を見事に体現した女性であったからである。とはいえタレントを使った、通常の広告コミュニケーションのやり方では、この商品の良さを伝えることは難しい。そう考え、商品を製造している工場のレポートや、食べ合わせの試食などを実施。独特の表現で、商品の魅力を語ってもらった。ちなみに彼女が出した食べ合わせの結論は「時間を置いては絶対ダメ」「いちごとクリームの夢の架け橋」だった。そんなキャッチーなムービーは、結果として１ヶ月間で13万再生を超えるＰＶ数を獲得。マス広告なし、Ｗｅｂのみの発信にもかかわらず、かなりのリーチを稼ぐことができた。

・新しいニュースリリースの形

もう一つ、この〝おとぼけ〟を軸にしたプロモーションを仕掛けた。

企業が新商品を発表する際に、ニュースリリースという方法がある。メディアへの情報発信を目的とした、概要の書かれた書類だ。最近ではそれが自社Webページに掲載されたり、Webメディアに転載されたりすることも多く、目にしたこともあるかと思う。本来であれば、企業からのニュース発表ということで、文責は社名や社長にあり、堅めな文章で事実ベースのみが書かれることが多い。

しかし私たちは、リリースをも、プロモーションとして活用できないかと考えた。せっかく、企業の名前で世の中に発信できる機会である。これまでの2年間、別々にニュースリリースを発表してきた2社（もちろん内容や時期のすり合わせは行っていたが、あくまでそれぞれの会社、ブランドが、いつものスタイルで実施していた）。今年は初めて、合同文責のリリースも発表しようということになった。でも、普通に書いただけでは、受け手にとってはこれまでとさほど変わらない。そこで、おとぼけ大使の力を借りて、公式文書であるリリースさえも〝おとぼけ〟にすることで、ニュースの最大化を図った。

かつてないほどおとぼけがすぎるニュースリリースの効果もあってか、「午後の紅茶とポッキー、今年はおとぼけをやるらしい」と世の中でもザワザワと声が上がりはじめていた。発売日は、もうすぐそこまで来ていた。

・固まる観光客

そして第3弾のプロモーションを語る上で外せないのが、目玉である「道頓堀グリコサインジャック」だ。

大阪・道頓堀の一風景として、観光客の写真撮影場所としてもメジャーであるグリコの看板。青いトラックを駆け抜けるゴールインマークが特徴的で、その前に立ってポーズをとりながら写真を撮るのは、観光客にとってお決まりとも言える。

その看板だが、数年前に、ネオン管からＬＥＤ電球へと変換工事が行われ、「画面」として捉えた自由な表現が可能になっていた。お披露目イベントの際や、グリコ商品のプロモーション時に、いつものゴールインマークの絵を変えて使われるケースが何度かあった。

当然だが、あの看板はいわゆる「メディア媒体」ではない。メディア枠として売り出してもいないし、他社広告が載ることもない。しかし今回、このプロジェクトで歴史上初めて他社製品を登場させることができることになった。経営層に嘆願し続けてやっと叶った3年目の悲願。この絶好のチャンスをどう生かすか。この看板は、画素数もそれほど高くなく、音もほとんど聞こえない。その中で、いつもの風景からの「異変」に気付いてもらう必要があった。そうして考えたストーリーは、以下のとおりだ。

四六時中あの看板を守って離れないゴールインマークが突然その姿を消す。

すると、おとぼけパティシエのキャラクターが登場。

次々と、「ポッキー」と「午後の紅茶」を投げ入れはじめる。

それは突然のジャックのよう。

道頓堀グリコサインジャック

㊤ランナーの画像から新商品に切り替わった「グリコサイン」の看板
㊦通常の「グリコサイン」＝いずれも大阪市中央区で21日午後、川平愛撮影

グリコランナー　紅茶でひと休み

大阪・道頓堀にある名物看板「グリコサイン」に21日夜、キリンビバレッジの「午後の紅茶」を紹介する動画が登場した。江崎グリコ以外の商品が放映されるのは、1935年の設置以来初めて。

動画は両社が共同開発した「午後の紅茶」「ポッキー」のコラボ新商品のPRの一環。おなじみのゴールするランナーの画像から切り替わり、約45秒間、パティシエをイメージしたキャラクターがコミカルな動きでコラボ商品を紹介する。

旅行で来た千葉県船橋市の女子大学生(20)は「こんな映像が見られてラッキー」。動画放映は今月28日まで。日没30分後から午前0時の間、15分おきに放映される。

毎日新聞（2017年２月22日）の一面記事

そして、本プロジェクトの2商品がドーンと現れる。

コラボ商品がジャックしたというインパクトを、最も分かりやすく伝える構成にしたのだ。

結果、狙い通り、その前で写真撮影をしていた観光客たちは唖然。道頓堀がざわめきに包まれた。ジャックは1週間、日没後に1時間に4度実施された。多数のメディアも取材に訪れ、新聞の一面にもニュースとして掲載されることとなった。

◆第3弾の結果 編

・コンセプトとプロモーションの成果

紆余曲折を経て発売に至った第3弾のコラボ。

「今年もやってるね」「クリーム忘れた（笑）って、ドジすぎる」「午後ティーとポッキー、2人して何やってるの（笑）」と、ツッコミを交えての拡散が行われていった。

味覚設計に関しても、3度目の正直と言っていいだろうか、肯定的な意見が大半を占めた。「○○を忘れた（笑）」という、第1弾、第2弾コラボの延長線上にはないややトリッキーなコンセプトであるために、「クリーム＋いちご＝ショートケーキ」というシンプルな食べ合わせで身近なメニューを選んだことが功を奏したのかもしれない。

多角的なプロモーションもムーブメントの盛り上げに寄与。Webから、Instagramから、あらゆる入り口から接点を作り出すことができ、商品購入へと繋がった。

スペシャル対談

チョコ部長 × 紅茶部長

応答者：
小林正典氏（通称 チョコ部長）・江崎グリコ

応答者：
中田康陽氏（通称 紅茶部長）・キリンビバレッジ

ファシリテーター：
井上政幸氏・電通

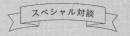

チョコ部長×紅茶部長　スペシャル対談
コラボプロジェクトが、ブランドと人を一新させる！

キリンビバレッジ「午後の紅茶」と江崎グリコ「ポッキー」によるコラボプロジェクトの中心メンバーは、各社の20〜30代の女性社員。毎回、紆余曲折がありながらも成功に導き、毎年、消費者からの反響を得ている秘訣はどこにあるのか。このプロジェクトを陰で見守る上司たちにより、自身の立場における心境などを含めた本音トーク会を開催した。

＜対談参加者＞
ファシリテーター：井上政幸氏・電通
応答者：小林正典氏（通称 チョコ部長）・江崎グリコ
応答者：中田康陽氏（通称 紅茶部長）・キリンビバレッジ

コラボプロジェクトの立ち上げと女性社員の起用

井上：このプロジェクトがうまく回り、４年も継続しているポイントは、「ポッキー」も「午後の紅茶」も、どちらもロングランのＮｏ．１ブランドであったことが大きいと思います。それぞれ、トップブランドとして維持しなければならない、守らなければならない部分を長い間持ちながら、常に、若返りのために「らしさ」を失わずに遊びを加える要素を探し続けなければならない。そんな宿命を持つ者同士が組み相手となることで、うまく、楽しく、トップ同士ならではの遊びができるのではないか、という空気になったことが、成功のいちばん大きな要素だったのではないかと思っていたのですが。

中田：そうですね。お互い、置かれている流通の環境も似ているし、お客様への提供ベネフィットも近い。ブランドの状況も、らしさに凝り固まっている中で何か脱皮しなければならないし、鮮度も必要。そういう点において、最良のパートナーだったと思いますね。

小林：プロジェクト開始当時、「午後の紅茶」ブランドが目指しているのが「ハピネス」だと言われていて、折しも、我々もブランドプロミスを「Share happiness!」という言葉に書き換えたばかりでした。それをどう具現化していくかについて考えていた時期だったので、ブランドの課題や目指したい方向性が一緒だったことは、いちばん大きなポイントでしたね。

井上：そういうところからはじまって、いざ具体的な内容を詰めていこうとしたときに、小林さんから「一度部下たちに、全部自由にやらせてみたいんだ」という話が出たんですよね。そして、双方のブランドチームに、ターゲットと重なる女性社員が多いから、任せてみるかと。

小林：なぜそうしたかったかというと、ポイントは2つあって。1つは、飲料メーカーとのコラボっていうのは既に世の中に色々あるから、新しいことをやって、新しいコラボのカタチを模索したかった。2つ目は、それまで、外部とのコラボのときは私が外で話をまとめてきちゃって、メンバーに実務を振ることが多かったので、一度、立案から全部、win-winをどう作っていくかみたいなのをやらせてみたいなと。そこにビジネスの真髄が詰まっているのでね。中堅と言われるような女性メンバーを鍛える場にしたい、プロジェクトを教材にしたいと思ったんです。

井上：中田さんは第2弾のプロジェクトから入られましたよね。このプロジェクトは、普段の商品開発やキャンペーン開発とは、進め方が全く違っていたと思うのですが、いかがでしたか？

中田：女子メンバーを中心とした完全な秘匿環境でプロジェクトが進んでいく、本当に何も教えてもらえない、っていうのには驚きましたね。普段の業務では、見ていないふりをしながら見ていて、途中で軌道修正できたりするんですけれど、そういうのは一切なくて。いきなりある日突然呼ばれて、プレゼンされて、その場でいろんな視点でジャッジしていかなきゃいけないっていうのは、しびれますよね。でも、トレーニングとしては素晴らしい環境だと思います。小林さんは当初、こういう状況を想定していたんですか。これだけマル秘で進んでいくと。

小林：想定しきれていなかったかもしれないですね。どこかで何か言ってくるだろうと思っていたかもしれません。（笑）

中田：意外とヘルプも言ってこないですよね。（笑）

井上：実は、僕だけは楽屋裏を見ていたんですよね。２人の部長たちにプレゼンをするまでの企画過程の大事なポイントで、客観的な目を入れるということを狙いにして。女性間で何が起きているかを見ていたんですけれど、やっぱりお互いプライドも実績も能力もある女性たちが組んでいるだけありました。商品のカテゴリも違うし、途中で人間同士の摩擦が強くなるタイミングはあるのですが、彼女たちの間で、「あの男性上司たちをプレゼンで突破するんだ！」というのが共通目標になっていて、一丸となっていた感じがありましたね。僕も途中から入れなくなっていきましたし。そういうことって、普段はなかなかないですよね。

小林：想像するに、特に1年目のメンバーは、どこまで踏み込んで発言していいのかとか、どこまで意見していいのか分からないまま議論が進んでいった時期があったのではないかと思うんですよね。アイデアの形が全くなくて、新しいことをやるしかなかった状態のときは。女性だけで会議をしてみて、ただ1つはっきりしたのは、同じ商品開発の、同じマーケティング部でも「全然違う」ということだったんじゃないかな。

井上：初年度に彼女たちが最初にやったのが、立場を入れ替えたブレストでした。「ポッキー」チームが「午後の紅茶」について、プロなんだけど種目違いで、制約も何も考えずに、消費者ノリで好き勝手に、こんなのがあったらいいなというアイデアを考える。もちろんその逆もやる。そこから、なぜそれを思いついたのに、実際にできていないのかを話し合ったんです。すると、お菓子の製造ラインや原料の管理、加工に制約があることが浮き彫りになり、飲料の工場のラインや衛生管理との間に視点の違いがあることが分かった。2種目のアスリート同士が仲良くなって質問し合ってどんどん刺激し合う、みたいなイメージです。お互い勘所がいいので、「こうやりたいけど、そこは大丈夫？」といった具合に、お互い半歩先のアイデアを出し合っていくスピード感になっていきました。見ていてすごいなと思いましたね。

小林：このプロジェクトでは、電通さんのメンバーも女性でとお願いしたんですけれども、彼女たちが、両社の言い分を吸収したり、押し返したり、アイデアでブレイクスルーしたりして、いちばん頑張ってくれていたんじゃないかな。

井上：実は、そこには彼女たちも知らない〝ストーリー0〟っていうのがあるんです。このプロジェクトが決まったとき、僕ともうひとりで社内のオンラインの社員名簿を片っぱしから見てメンバーを探していきました。望ましい世代の中から、スキルがあり、忍耐力、応用力の面でも強そうなクリエーティブ系女性を、東京からひとり、大阪からひとり見つけたんです。するとたまたま2人とも、美術・デザイン系の勉強をしてから入社した、コピーライター・CMプランナーだった。それまでお互いに顔を合わせたこともなくアサインされた2人だったんです。

小林：多分、いちばんプレッシャーを感じていたんじゃないかな。特に、手探りの1年目と、大ヒットした2年目を超えなきゃいけない3年目が。2社のメンバーも途中で変わっていったし、増えてもいったしね。

マネジメント職としてのプロジェクトとの関わり方

井上：このプロジェクトでは、お二方は、一緒に前線に立つというよりも見守る側に回っていましたよね。じっと待っていなくてはいけない辛さの部分、この立場だから言えたり、アドバイスしたり提案できた部分の見極めが難しかったと思うのですが、ここはあえて任せたとか、あえて難題をふっかけた、などという思い出はありますか？

中田：何しろ発言権がプレゼンの場でしかないですからね。どういうプロセスでどういう議論をされてきたのか分からない中、20分間くらいのプレゼンが終わったときに、瞬間的に色んな目線でジャッジしなければならない緊張感はありましたね。また一方で、このプロジェクトにおいてもマーケターとしても先輩の小林さんが、そのときどう考えているのかが分からないというのも、緊張感を高める理由の1つでした。（笑）

小林：判断軸とかジャッジする感覚はうちとキリンさんでも全然違うはずだし、でも、４年間一度も予定調和で臨んだことはないですね。だって、プレゼンされるまで何も分からないんだもん。

中田：だから、いつものジャッジよりも襟を正して、緊張感を持って臨んだ感じがしますよね。

井上：マネジメント職として、唯一ここだけは一緒に提案して決めていったというのが、発売週に関してですよね。事業としての売り上げの部分で、両社、売り場が違っても流通チャネルがかぶっているから、発売週を、お互いが勝ち点を稼げるところに設定した方が面白いよねと。お互いが弱い週ってどこだろうっていう話を最初にした覚えがあるんですけれど。

小林：発売週は4年間ほとんど変わっていないですね。「午後の紅茶」にも「ポッキー」にもメインの仕掛け時がある。「午後の紅茶」は、3月のシーズンインははずせないし、「ポッキー」で言えば、「ポッキー＆プリッツの日」やバレンタインのシーズン。そこへの相互理解は、早かったですね。こういうコラボっていうのは、野球でいうローテーションの谷間みたいなところで、谷間を底上げするために使うべきだよねと。結果、我々からするとバレンタイン明け、キリンさんからすると春のシーズンインの手前、お互いそこに山を作れていないから、そこでやろうということになった。

中田：うちも、ローテーションの谷間の2月下旬でないと、ここまで鮮度のあるものは仕掛けられないかもしれない。ここが全てベストなタイミングなんですよね。

井上：僕はこの話が決まったときに、来年もあるなと確信したんです。絶対に前年比が上がるじゃないですか。

中田：上がりますね。それまで「午後の紅茶」としても、会社全体としても、何もしていなかったから。２月は飲料の狭間なので。それなのかもしれないですね、続いている理由は。

小林：我々が口を挟んだのは、そことバジェットくらいですかね。ローテーションの谷間でやるくらいのお金しかなかったので、もうそれでやってくれ、それでなんとかバズらせてくれって。

井上：でも、制限がある代わりに、商品が自由だから打てる手っていうのもある。このプロジェクトは、我々にとっては企画者冥利に尽きる点もあって、悪乗りしてふんだんにアイデアを出してトライしていけるんです。

プロジェクトに関わった女性社員の成長

井上：他のプロジェクトや通常のサイクルと比べて、これを経験した女性メンバーの方々の刺激の受け具合とか成長具合で、気づいたことはありますか？

小林：冒頭にも言ったように、コラボっていう言葉にするとよくありがちだけど、このプロジェクトにはビジネスの真髄が詰まっていると思っていて。キリンさんにも、ディレクションしてもらう電通さんにもwinがなきゃいけないし、お客様にも自分のところにも全部にwinを立てていくというのはすごく難しい思考、サイクルだし、限られた予算、制約、向こうの意見を全部聞きながら作っていくというのは、最高のケーススタディ。しかも商品として実際に世に出るわけですからね。研修で終わらずに。売れた売れなかったがリアルに分かる。非常に大変だったでしょうけれど、経験した女性メンバーは強くなったんじゃないかな。

中田：印象的だったのが、プロジェクト参加2年目で、年長者でもあったのでチームリーダー的な役割を負わざるを得なかった女性が、「みんなの思いが強すぎてまとまらない。どうやって色んなことを決めていけばいいのか」と相談に来たんです。まさにジャッジの本質みたいなことを悩んだんですね。ジャッジするときの覚悟とか、孤独とか、怖さを味わえただけでもすごくいい経験になったんじゃないかな。我々のような上司が入っていたらそれを味わえなかったわけだから、すごくいいトレーニングの場になったと思います。プロジェクトに関わりながら同時にそれを勉強できるのはすごいことなので、今後も、2年目選手が出てきたら、味わってもらいたいと思っていますね。

井上：ブランドの売り上げと部下の教育、どっちをより重視していましたか。

中田：短期の売上は、ほぼ重視していなかったですね。もちろん売れた方がいいけれど、どちらかというと、「午後の紅茶」ブランドにどういう新たなエクイティが加わるかという点を見ていました。いつも自社のブランドの世界観に縛られすぎてしまう中で、「ポッキー」と一緒にコスプレをして街に出ることができる、というか。逸脱した、らしからぬ企画かなと思っても、「ポッキー」と一緒ならいいか、というふうに新たな機会を得ることが大きかったです。これが5分で、部下がどれだけ成長するかという点が残り5分くらい。これらはどちらが欠けてもダメだなという感じでした。

小林：うちも近いですね。いちばんは、ブランドが元気だなという印象を与えること。2番目に、携わったメンバーのスキルアップかな。売上は、年間から見たらすごく大きなインパクトはないけれど、話題性に関しては、それなりのプレゼンスがありますからね。

井上：営業部署とか、このプロジェクトに関わってはいるけれど会議に入っていない方たちに変化や反響はあったのでしょうか。

中田：ありましたよね。3年目から、両社の、同じような得意先を持っている営業部署の人たちが集まって、店頭活動をどうするかとか、どうやって最大化するかっていうことを、完全に自発的に話し合っていましたね。

井上：予想以上に波及効果が出ているんですね。

小林：続けているからそういうことができるんでしょうね。

マネジメント職の方々へ、コラボプロジェクト成功の秘訣

井上：最後に、他社、他業界のマネジメント職の方々へ、コラボプロジェクト経験者からのアドバイスをお願いします。

中田：相手選びが肝ですね。こういうのって、どちらかが極端にメリットを得る玉の輿戦法は通用しなくて、お互いに対等な関係で、同じ課題に臨んでいくことで、解決策が倍以上になる。そういう意味では、「ポッキー」と出会えた時点で、勝ちになっていたと思います。

小林：コラボっていうのは数多あって、珍しいことでもなんでもありませんが、その中でも話題になるのは数限られたものだけで、しかも、1年目に話題になっても、2年目はそうでもなかったりするのがほとんどです。そういう意味でこの企画は、もう

ちょっと頑張って、ここから考えを新たにイノベーションを加えながらやっていくと、毎年この時期を楽しみにしてくれる人が生まれる可能性を秘めているのだろうなと思っています。そういうコラボって、世の中に少ないですから。楽しみにしてもらえるコラボ、というのは理想的かもしれない。お互い、普段はそれぞれで頑張って、この時期だけは一緒になって世の中に話題を作りましょうよと。それから、メンバーの知見、スキルアップというのは、裏テーマにしておくにはもったいないくらい強いテーマだと思いますね。

井上：僕もこれまでに色々なコラボを見てきているんですけれども、このプロジェクトは、お互いがプロとして、本気で向き合ってきたことがファンにも響いたのかな、本気感が滲み出るとすごく魅力的になるんだなと思いました。

第5章

コラボレーション・マーケティング論

前章までは、本プロジェクトの取り組みを時系列で追ってきたが、第5章では、4年間続けたなかで構築されてきたコラボに取り組む際のメソッドについて、整理をしていきたい。他社や他ブランドとのコラボにこれから着手しようとされている方や、すでに実行されている方々の、進め方のヒントになれば幸いだ。

◆目的の設定

その1　そもそもコラボをする必要ってあるの？

前述のとおり、コラボは目的達成のための1つの「手段」にすぎない。ブランドの全体戦略において、なんのためにコラボをするのか、コラボがどのような役割を担うのかについては、きちんと段取りを整理しておくべきだ。

こんな書籍を執筆している我々が言うのもなんだが、そもそも、ブランドにとって本当にコラボが必要なのかどうかについては問うておく必要がある。なぜなら、コラボがもたらすメリットは列挙しきれないほど多くあるのだが、「コラボ企画」はその特性上、得てしてブランド戦略上の「本流」に位置づけられるプロットにはならないからだ。

「午後の紅茶」や「ポッキー」の場合も、たとえ4年続けようが、何年続こうが、コラボ商品がメインの看板アイテムになることはないし、定番品の売り上げを凌駕することはまずもってない。ブランドポートフォーリオ上、あってはならないことでもある。また定番品が余程安定的に販売を見込める健康状態のブランドでない限り、ブランド全体が年間で持つ広告投資額の大半をコラボ企画に投入することもないであろう。

そう考えると、コラボ企画は、本流ではないのに「ヒト」や「時間」といった人的投資を必要とされるものであり、コスト面においてはあまり効率の良いものではないとも言える。第一に、別の文化や事情を持った相手との調整や価値観をすり合わせることに、圧倒的に手間や時間がかかる。2者間のコラボであれば2倍、3者間であれば3倍と、踏むべきプロセスも、話を通さなければならない人や決裁者の数も、どんどん膨れ上がっていく。本プロジェクトのように、意思決定に「一斉プレゼン制度」を設けるなどの工夫をすることで、発生しうる調整業務を簡略化することはできるだろう。ただし一社完結の商品開発と比較して手間が省ける、ということは一般的には考えづらい。

コラボを検討する際には、まず、以上のような、難しい側面があることを理解しておく必要がある。

その2　欲しいものは違う

そして、いよいよ目的を設定するわけだが、そもそもコラボをする相手と目的が異なる場合も大いにあり得る（状況が完全一致するブランドはないのだから当然だ）。ブランドに新しいニュースを作るためなのか、新たなパートナーと組むことでファンを増やすためなのか、はじめて組むパートナーから新たな価値を借りてくるのか、など様々である。

目的によって細やかなジャッジが変わってくるため、コラボを通して何を享受したいのか、できるだけ早めに相手先に開示しておくのが良いだろう。プロジェクトがスタートしてしまうと、相手との調整事が多く発生し、本来の目的を見失いやすいので、この点にも注意が必要だ。

このように、コラボにコストやリスクは付き物だ。そもそも異なるビジネスを営む相手との調整のなかで、100％自社側の言い分が通るコラボなんて有りえない。それでも、コラボをする理由をとことん考えてみて、そこに答えがあれば、それが「目的」にふさわしいものだろう。

◆コラボのバリュー

その3　分かりやすいニュースネタ

異なるブランド間でコラボをすることで、どんなバリューがあるのか。私たちの取り組みの結果論からまとめてみる。読者の皆さんにはこれを前述の「目的」を決めるヒントにしていただければ幸いだ。

まずは、コラボのニュース性について。ブランドコラボのニュースは、それだけでもテレビの情報番組やビジネスニュース、Webニュースなど、メディアに取り上げられやすい。特に食品、日用品のようなマス性が高いものや、車、化粧品といったブランドロイヤリティが高いものは、日常会話のネタにもしやすいため、SNSなどでも話題にされやすいだろう。

飲料や菓子のような食品をはじめとする購入頻度やマス性が高い商材は、製造技術のみでの差別化が難しく、競合商品群に対して、消費者にパッと見で認識されるレベルでの味や品質にはそこまで大きな差異はない。それゆえ、パッケージや広告などのイメージ戦略による、マインドシェア争いに突入している。生まれては消える、無数の商品のなかで埋もれないような工夫が必須なのである。そのなかで、コラボは、恒常的にニュースを作り、ブランドの存在をリマインドしていくための一つの解決策だと言える。

またコラボは、極論、マスメディアや広告の力がなくてもニュースとして広めることができる。言い換えれば、普段、マスメディアで勝負していて歩留まりを感じているケースや、そもそも予算の都合などで満足な宣伝費が得られないケースに向いている手法とも捉えられる。行き詰まった状況を打開するためのアクションとしても、コラボを取り入れてみることを推奨したい。

その4　売り場への「逆提案」

これまでにも何度か述べてきたが、コラボは、流通に対してもバリューを発揮する。「午後の紅茶」や「ポッキー」にとっては、スーパー、コンビニがそれに当たる。流通業界では1年間を52週とみなして数える独特の風習があるが、その52週全てに取り組みが必要とされている。クリスマスや子供の日、昨今ではハロウィンなども定型イベント化してきているが、シーズナルイベントがある週は、その取り組みの設計もしやすい。しかし52週もあれば、その毎回に国民行事化しているイベントがあるわけではない。どの流通企業や小売店舗でも、それぞれに創意工夫しながら、常にニュースのある売り場づくりを企画しているのだ。

そんなときに、コラボは、流通企業への「逆提案」にもなりうるのだ。思ってもみなかった異業種のブランド同士が手を組み、新しい商品を売り出す。それは、売り場を賑わす格好のニュースになる。「午後の紅茶」の購入者が「ポッキー」に手を伸ばすこと、

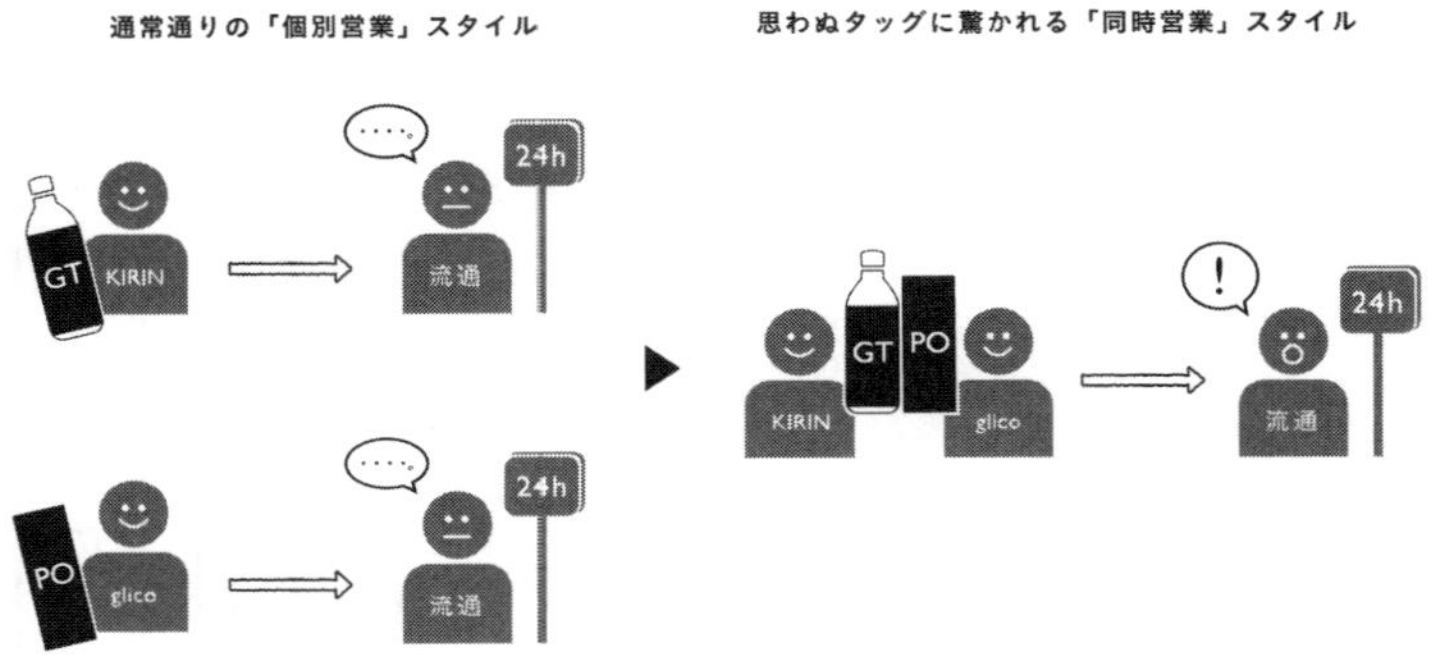

同時営業スタイル

「ポッキー」の購入者が「午後の紅茶」に手を伸ばすことは、何もメーカーにとってだけのメリットではない。ひとりあたりの購入単価を上げることは、小売業態にとって永遠のテーマであるから、大いに歓迎されることなのだ。

そのメリットがきちんと伝われば、一ブランドではなかなか獲得することが難しい大型の特設売り場や、エンド棚のような注目率の高いスペースでの展開を実現できる可能性がある。カテゴリが違うブランドで組めば、お互いがお互いの売り場に乗り込むこともできる。さらに目には見えないメリットがある。相方がこちらの売り場に乗り込んできているということは、その間、競合メーカー商品の陳列場所を奪っているのと同義なのである。１フェイスを取るために、汗の滲む努力をしているメーカー営業からすれば、それは非常に大きな革命であるのだ。

そして何より、コラボの魅力は営業力が2倍になることにある。これまで、１社が１流通企業と対峙していたところに、もう１社が味方として加わり、２：１の図式になる。同時に営業をかけることでの熱意が伝わり、インパクトも増す。営業社員にとっても通常売り込むことのない商材を売り込むこと（飲料メーカーが菓子を、菓子メーカーが飲料について学び、得意先にプレゼンすること）は新鮮なもので、商談も盛り上がる。さらに他社の営業社員の目の前で営業スタイルやプロセスを披露することになるから、気合いも入るものだ。

その5　店頭が勝負どころ

売り場をさらに盛り上げてくれるものの一つに、店頭販促ツールがある。本プロジェクトでも、ポスターや大型ボード、コラボ商品を併せてセットアップできる化粧箱など、毎年かなりの数やバリエーションを制作している。特に飲料や菓子といった商材は店頭での商品認知が非常に高いので、どんなプロモーションよりも手をかけていると言っても過言ではない。パッケージはもちろんのことPOPで売り場の雰囲気を作り出せれば、コラボ商品であることがより伝わりやすくなるし、年間行事のない時期の閑散とした売り場にも一気に華を添えることができる。

さらに、本プロジェクトでは、コラボした限定商品だけではなく、既存の定番品同士の食べ合わせを提案するような店頭ツールも準備している。定番品もコラボ商品と同時に陳列することで、しばらくの間、同ブランドの商品を購入していなかった人を呼び込むなど、買い回りが起きるような工夫をしている。

第１～３弾のメインビジュアル、第３弾の裏面ボード

その6　コラボの連鎖

もちろん、良いことばかりではない。コラボ商品は、流通企業にとっても短期決戦型のいわばイロモノであるから、必ず採用しなければならない類の商品ではない。売れる保証もできないし、売り上げの見当もつけづらい。最悪の場合、売り切ることができず、大量の在庫を抱えることになる。特に、安定的な販売量を見込める定番品のラインアップの充実を望む方針の企業であればあるほど、採用されるのは厳しい。実際に本プロジェクトにおいても、第１弾時には、大手コンビニエンスストアの採用率は決して高くなかった。

コラボを、一種のお祭りとして、流通企業側にも「おもしろい！」と思ってもらえ、一緒にそのニュース作りに加担してもらえるかどうか。さらなるコラボの連鎖を生むことができるか。もちろん営業と得意先との関係値がものをいうところもあるが、魅力的な商談ストーリー作りや、営業同士が「コラボ商談」の作戦を練る時間を稼ぐためにも、通常よりも早めに商品情報を社内開示することがキーとなる。それでももし、得意先が採用を判断するのに押しの一手を必要としていたら、ぜひ本プロジェクトを引き合いに出し、挑戦していただけたら嬉しい。

また、52週から最適な展開時期を見出すことができれば、定例イベントに昇華させることもできる。一過性のイロモノを見る目が一転し、消費者からも流通からも求められる存在となっていく。いい夫婦の日、ハロウィンなど、毎年繰り返し行われるようになるイベントは、昨今も多数生まれている。そういった習慣化するイベントを、企業が作ることは決して不可能ではないし、現に「ポッキー&プリッツの日」もかなりの知名度を上げてきたように思える。本プロジェクトも、バレンタイン後の時期に欠かせないコラボイベントとしての習慣化を目指している。

もちろん、商材によって販路や商材の選ばれ方は大きく異なるのでこれらが全て通用することはないが、通常のマーケティング手法では固定化された「攻め方」しかできなかった「流通（販売）」に対して、コラボは新たな一手になることがお分かりいただけただろうか。

その7　これこそ本当のＯＪＴ…生きた社員教育

部長対談の中で、両部長が述べていたように、他社や他ブランドとコラボするということは、調整ごとの連続だ。中（＝社内チーム）と、外（＝コラボパートナー先）と、上（＝上司、会社）と、あらゆるベクトルで調整を図らなくてはならない。そのため、こういったプロジェクトに立つリーダーは、大きな成長の機会を得ることができる。通常業務で割り振られるものよりも、社歴よりも、もっと高度なスキルを要求されるのだ。

そういった面でも、コラボプロジェクトを、若手から中堅になりつつあるメンバーで構成する、ということは、ターゲット論はさておき、社として非常に有意義なインナー教育になると言えるのだ。

ここで、メンバー選出についても、少し述べておきたい。

まず、当たり前と思われるかもしれないが、コラボの相手先と、メンバーの役職・部署・人数はおおよそ揃えておくのが望ましい。

なるべく早く距離を埋め、闊達な議論を行うためにも、そして議論の対等性を守るためにも、役職や年代が近いなど、同じ目線でコミュニケーションができるメンバーが揃えられると良い。その上で部署や職務が重なっているとなお良い。全員が同じ必要はないが、その場での議論や現場レベルでの意思決定をスムーズに行うためには、なるべく同じ職務を持つ人間が揃っている必要がある。人数についても忘れがちだが、同数くらいであると好ましい。フラットに立場を捨てて議論しはじめたとき、声の大きさや多さは、公正な判断を邪魔してしまうからだ。

コラボプロジェクトは、いわゆる開発系などの、バックヤードを支える技術系部門の社員の教育の場としてもふさわしい。普段はクローズドな世界で働く彼らにとって、外からの刺激を受ける格好のチャンスだ。コラボでの商品開発では、技術面でも2社がお互い歩み寄って解決しなければならないケースが多いからだ（本プロジェクトでも食べ合わせの精度を高めていくのには両社の中味開発部門のメンバー同士が直接やりとりしてくれたことによる貢献は大きかった）。

また、分業化が進む大企業であるほど、社内交流は難しい。通常、開発部門とマーケティング部門は勤務場所も異なることが多く、同じ商品に携わっていても、コミュニケーションの機会はそう多くないのだ。

開発系の部門にも、プロジェクトの初期の企画段階から参加してもらうことを推奨する。そうすることで、普段は見られないお互いの仕事への理解やリスペクトを深めることができるのだ。本プロジェクトでもコンセプト立案の段階から中味開発メンバーが参加してくれたことで、マーケティング部門の人間が普段どんなふうに消費者のインサイトを見つけ、コンセプトを立案しているのか、目の前で見てもらえる良い機会になった。他部署のメンバー同士が交流を図ることで、それ以降の仕事に変化を及ぼすことができれば、それだけでも大きな収穫になるのである。

その8　禁断の開発プロセスを共有する

もう一つ、社員教育と近い観点でのバリューを考えると、「ヨソのやり方」を実践しながら学べるということがある。

企業のマーケティング活動のメソッドに正解はない。一〇〇社あれば一〇〇通りのスタイルがある。なぜなら、基本的なマーケティング理論はあっても、企業によって歴史も置かれた状況から積み上げて生まれてきた手法も異なり、企業文化や社風が違えば戦い方も異なるからだ。特に、日系企業は人材の流出入が一般的には多くないため、長い歴史のなかで（本人たちも知らず知らずのうちに）積み上げられた独自のパターンを持っている。またその企業のマーケティング部門で働く人間は、転職経験がない限り、その「型」や会社に根付く価値感が当たり前になっている。というか、それしか知らないのだ。

コンサルタントがくれるのは過去の情報リソースや同業他社のケーススタディからの相対的アドバイスであるし、社外相談役から得られるのも経験談に基づくものである。主要製品、技術、かけられる投資額の違いや人的リソースの問題などをはじめとした様々な内的要因と外的要因が掛け合わさった結果、一概に成功ケースと失敗ケースを比較することもできず、パターンの踏襲は難しい。

それは、社外研修や勉強会に参加すれば事足りるかと言うとそうでもないと考える。デザインシンキングが謳われるようになって数年経ち、年々ワークショップ形式のような体験型研修は浸透しはじめている。非日常さも相まり、大なり小なりのインスピレーションを得る程度の刺激は受けるかもしれない。だが、それをいざ業務に生かすとなれば話は別である。概論にならざるをえない研修と生きた情報や事情が飛び交う現場には、やはりまだ大きな隔たりがあるのだ。

そんなときに、異なる会社間、ブランド間でコラボをするとどうなるか。はじめて「ヨソのやり方」を見ることができるのだ。本来、開発フェーズというのは企業にとっての根幹であり、言うまでもなく社外秘である。ＤＮＡのように、全てが描かれた秘密地図である。コラボ内容の深度にもよるが、秘密保持契約を結ぶ前提で、その「ヨソ」の地図を共有し、手の内を見せ合うことができれば、新しい世界が見えてくるのだ。

当たり前だと思っていたルールやプロセスを客観的に捉えることができれば、凝り固まっていたルーティーンを見直すことができる。これまで気づいてすらいなかった間違いやムダに気づくこともできるのだ。

言い換えれば、コラボするということは、ブラックボックスを開けることなのかもしれない。本やセミナーを通じてでは分からない、生きたビジネスエッセンスが散りばめられているのだ。

◆コラボ相手の選定

その9　ベストパートナーの選び方

コラボにおいては、当然のことながら「誰と組むか」がとても重要だ。本プロジェクトではそれ自体が運命ともいえる担当部長同士の立ち話から「午後の紅茶」と「ポッキー」とのコラボに繋がったのだが、この2ブランドはブランドの置かれた状況や課題認識が非常に近似していたためスムーズに話が決まった。広告会社がともに電通であったことが大いに後押しになったのも事実だ。だが、解決したい目的によっては、このような「似た者同士」のコラボが良いとはもちろん限らない。

コラボすること自体をニュース化させたい、という目的なら、もっと意外性のある相手を選ぶのが良いかもしれない。ブランドの状況によっては「そんな相手と!?」というサプライズによる〝ショック療法〟が必要となる場合もあるだろう。自ブランドに足りない価値をコラボ相手から借りてくるというやり方ももちろんある。伝統的だが時代遅れになりつつあるブランドが、時流感のあるカジュアルなブランドと組んで鮮度を取り入れる方法もあるだろうし、その逆の立場である場合は反対に保証感や信頼感を手に入れることができるだろう。

あなたの担当ブランドを思い浮かべ、聞くだけでワクワクできるコラボ相手はどこだろうか。もしくは、まったく想像はできないけれど、その事実だけで言の葉に乗りそうなコラボ相手はどこだろうか。ニュースリリースのタイトルを考えるつもりでコラボ相手をいろいろと考えてみるのも面白いかもしれない。

その10　勝負の「区画」を増やす

コラボ相手は、販路の視点からも考えておくべきだ。どんな企業・ブランドがふさわしいのか。その答えとして、遠ければ遠いほどいい、という結論を一度出しておく。理由は、勝負できるフィールドを増やせるからだ。

商品やブランドというものは、買う側のために、あらかじめ売られるフィールドを決められている。キュウリはスーパーか青果店に、ハイブランドのアパレルは百貨店に。その中でももっと具体的にイメージできるかもしれない。いつも行くスーパーの「あのあたり」の棚に、銀座のあのデパートの何階の奥に。頭に自然と思い描く「商品の定位置」が存在するのだ。

もちろん例外もある。買い物の利便性より、過ごす空間としてのエンターテインメント性に重きを置いている、ビレッジバンガードや蔦屋家電、ビックロのようなハイブリッド商業施設。無秩序に商品を置くことで空間を分かりにくくし、長居してもらうための仕掛けを作っている。

「商品の定位置」を認識している一方で、私たちはなんの商品のためでもない「自由

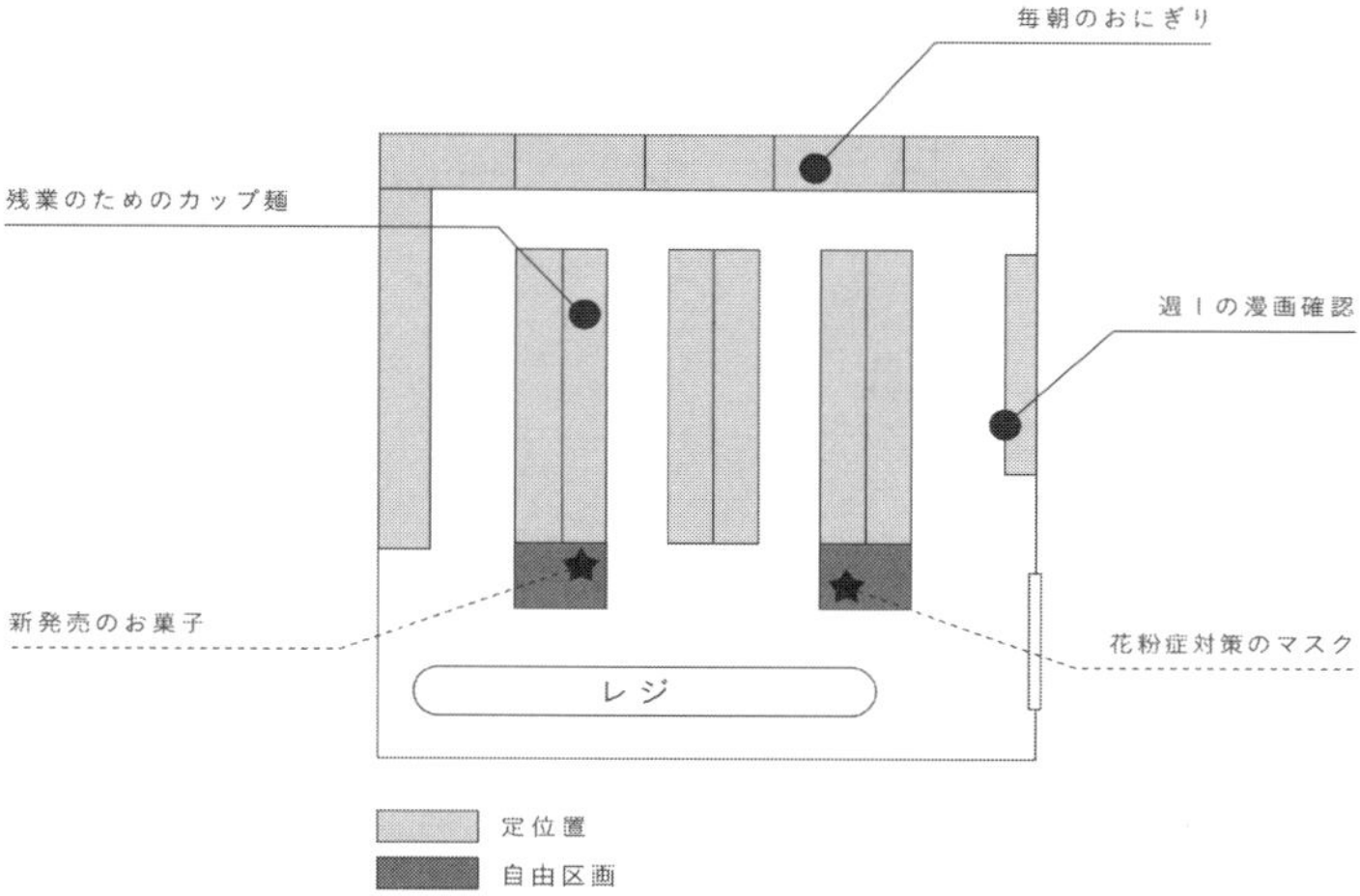

定位置と自由区画

な区画」への意識もたしかに持っている。定期的に変わるイベントスペース、季節ごとの特設売り場、レジ前のコーナーなど。そこに何が置かれているかは実際に行かなければ分からないが、新しいものを得たくて、わざわざ足を運んでいる場所もあるのではないだろうか。そこに行って、いつものキュウリを探したりなどはしない。先月まで置いてあったクリスマス飾りが1月に無いからといって、店員を呼ぶことも無い。「定位置」と「自由区画」を、無意識の中で区分けし、認識しているのだ。

コラボをすることで、その「定位置」を壊すことができる。いや、増やすと言った方がいいだろう。これまでの定位置はそのままに、拠点をもう一つ作ることができるのだ。いつもはない商品がそこに置かれる違和感はものすごい。そのカテゴリが遠ければ遠いほど、驚きが大きくなる。すっと通り過ぎてしまう棚で、一瞬でも目を引くことができれば成功なのだ。

そして、その話題性を持ってすればさらに「自由区画」をゲットできる可能性が非常に高いのだ。置く側にとってみれば、実は「定位置」を動かすことは難度が高い。決められたフェイス数（陳列面積）の中で、別カテゴリの商品をねじ込むのだから。だから「自由区画」の方が制約なく陳列ができ、違和感の最大演出に繋がるのだ。

その11　実現可能性は知恵と工夫で覆せる

コラボ相手を検討するなかで、つい障壁に感じてしまいそうなことは多々あるだろう。本プロジェクトの場合は、「物理的距離」であった。単純なブランドネームの貸し借りではなく、本プロジェクトのように共創で商品開発を行うスクラム・コラボの相手を探している場合、余計に大きな問題だと考えてしまうかもしれない。

しかし昨今のインフラ整備のおかげで「距離」は決して壁にならないということを、身をもって実感した。テレビ会議で、異なる会社間の会議室同士を結ぶことができるし、もっとカジュアルに、スカイプやLINE通話などのアプリケーションを使用すれば（もちろん情報セキュリティの問題は存在するが）、複数ポイントでも会議が可能だ。

実際、本プロジェクトにおいても、キリンの本社は東京・中野に、グリコの社屋（中心となるメンバーの勤務先）は大阪・梅田にあり、電通のメンバーは東京の汐留、大阪の堂島と分かれていた。もちろん、大きな決定をしなければならないとき、きちんと頭を突き合わせて議論をしなければならないときは、一堂に集まり会議を行った。だが、大人数のプロジェクト、しかも出張となればスケジュール調整も困難を極める。小さい子供を共働きで育てているママ社員もいた。だからスピード重視で進めなければならないときは、積極的にテレビ会議を取り入れていった。

恋愛論のように聞こえるかもしれないが、逆に「なかなか会えない」ことが上手くいく要因だったとも捉えられる。全体会議の日は「ここで必ず決めなければならない」という、尻に火がついた状態で集まるため、無駄な議論をしたり、収束せず散らかって終わらせるということが、まずない。スムーズな意思決定のために事前準備も綿密になるし、丁寧に伝えようと工夫する分、ミス・コミュニケーションも起きづらい。距離がむしろ「武器」になったのだ。

厳しい環境だからこそ知恵や工夫は出てくるもので、連絡ツールについても同様だ。情報や資料の共有については会社のメールを使っていたが、普段のコミュニケーションはもっぱらLINEグループだった。「こんな新商品を見つけた」「このニュース使えそう」「おいしいスイーツ見つけた」など、わざわざメーラーを立ち上げて、「お世話になっております」と固苦しくはじめるまでもないようなささいなことも送り合った。それは、宴会の場での親睦よりも、私たち世代には合っていたやり方なのだと思う。さらに、プライベートな空間で考えることやLINEで発したくなるような内容は、会社員としての感覚というよりは、ターゲットである一女子の感覚に極めて近いのだ。それに対するメンバー間の「いいね」という反応も、よりリアルなものだった（我々の場合、お互いに腹を割りすぎた結果、会社を超えての既読スルーも多発した。女子って意外とドライなものだ）。

また、地域というバックグラウンドの違いも、いい方向にドリブンしていたことを書いておきたい。プロジェクトの肝となる判断ポイントで、絶妙に攻守が入れ替わっていたように思うからだ。「先端」だと思っていたことが「行きすぎ」だったり、「ここが限界」だと思っていたところが「普通で物足りない」だったり。世の中にぴったりとマージする尺度を測るのに２つ、３つの判断基準があることは、コラボが生む最大の巧妙なのだ。

このように、はじめから難点を言い訳にせず、メンバーの工夫で乗り越え方を考えることが重要だ。

◆コラボレーション・プランニング

その12 「買ってもらう」ためには？

目的が決まり、相手も決まったところで、次は、その中身のプランニングだ。コラボの醍醐味であり、通常ではできないことをやれる大きなチャンス。その好機を逃さず楽しむために、押さえなければならないポイント、踏むべきプロセスがいくつか存在する。

コラボの型については、第1章で説明したとおり、大きく3つあると考えている。その中から、ブランドの状況や課題に合わせて型を選んでいくのが良いだろう。

ここでは、3つ目の型「スクラム・コラボ」を選択し、商品開発を行った本プロジェクトにおいて、まずは「購入してもらうための必然性」の設計について言及していきたい。

突然だが、日常的な購買行動の態度変容を起こすことは難しい。

まず、ペットボトルの緑茶を例にとってみよう。ここに20代の男性サラリーマンがいたとする。おそらく買う場所は、最寄りの駅やいつも立ち寄るコンビニ、会社の自販機。出勤途中や移動中、作業に行き詰まったときの休憩中かもしれない。そのとき、どういう理由で、水ではなく緑茶を選ぶか。緑茶の中でも、他商品ではなくそのブランドを選んだのか。こんなことを言うと怒られるかもしれないが、大した理由などないのかもしれない。ぱっと目に付いたから、他のより少し安かったから、限定って書いてあったから、パッケージがオシャレだから、定番の安心できるブランドだから…。緑茶という商材は基本的に、見つけた瞬間に意気揚々とノリノリで飛びつくような、そこにある全てを買い占めるようなものではない。だからこそ、その一瞬（の中のほんの一瞬）で目を引くための工夫を各社が血眼になって探しているのだ。

次に、ペットボトルの紅茶とチョコレート菓子について考えてみる。
紅茶の場合は、緑茶とは異なり、店頭での選択肢が多くないため、大抵が「いつものアレ」というように一本釣りで選ばれることが多い。「午後の紅茶」について言えば、ペットボトルの紅茶飲料のなかでシェアを半数以上占めており、直近数年間は毎年過去最高の売り上げを更新している。一見、安泰そのもののように感じられる。

ただし、実際には長期的に見ると、非常に危機的状況ともいえる。紅茶カテゴリには近年市場を大きく活性化するようなニュースがなく、紅茶そのものを手に取る人が年々減っているのだ。ペットボトルの紅茶市場自体はゆるやかに右肩下がりの曲線を描いている。だから、もともと紅茶ではなく別の飲料を選ぼうとしていた人や、もしかすると飲料自体を手に取る予定をなかった人に紅茶を選んでもらう理由を、ブランド自ら作らなければならないのである。

少し話はそれるが、お茶やコーヒーカテゴリに、プライベートブランド商品の波が及んでいないのもこういった意味合いが関係してくる。ブランドで選ぶ嗜好品である面が依然として強く、なんでもいいから1円でも安ければいい、といったPB商品の強みが生きてこないのである。

チョコの場合は、どうだろう。類似した商品数が多く、入れ替わりも激しい。常に新商品が出ては消えている。もちろんお気に入りの商品もあるだろうが、そのときの気分でフラットに選ぶことが多い。嗜好品の極みともいえる菓子は、その分競争も激しい。同じ菓子カテゴリであるビスケットやアイスクリーム、ガムなども競合になりうるだけでなく、目的によっては小腹満たしができるおにぎりや糖分補給ができる甘みのある飲料が競合商品になったり、しっくり来るものがなければ買うのをやめてしまうことさえある。菓子売り場に何気なく立ち寄った人々の、その場の気分を鋭くキャッチできる〝何か〟が無ければならないのだ。

その13　セット買いの必然性

このように、それぞれの商品に自然と購入理由付けがされていると考えると、この２品を「買い合わせる」ことへの高いハードルが容易に想像できるだろう。それに、紅茶とチョコレートは嗜好品。どちらもなくては生きていけない類のものではない中で、消費者を〝ナンパ〟しにいかなければならない。しかも２つセットで。その「無理」をさせるための、強力な仕掛けが必要だった。

私たちが出した答えは、第３の味という「食べ合わせ」の味覚設計だった。単品でもおいしい、でも合わせて食べたら全く新しい味がする、というもの。得られるベネフィットを最大化させるためには、１＋１＝２では足りない、１＋１＝３にする仕組みが求められていた。

もちろん、１＋１＝３にするためのやり方は１つではない。セットで買えば何かプレゼントをもらえるような企画も、１つでは解けない問題が隠されているような企画も、いくらでもあるだろう。しかしそこで重視すべきは、企画はなるべくシンプルにする、ということ。ただでさえ労の掛かる「セット買い」に対して、そこからまたさらにアクションを求めることは、買う側に手間を求めすぎである。

これは、ブランドコラボのどんなアウトプットにおいても言えることだ。まず、異なるブランドがコラボするということ自体が非日常で、受け手は左脳で理解しなくてはならない「説明ゴト」である。通常商品に比べたら、存在そのものがすでに難しい。それが、製品プロダクトでも、サービスでも、プロモーションでもどんな形であってもだ。コラボしたこと自体がもう企画になっていることを、忘れてはいけない。そこからアレコレ足し算していくことは簡単だ。普段できないことに心躍り、欲張ってしまう可能性すら孕んでいる。そんなときこそ、シンプルに立ち返る。「飲み物と食べ物を一緒に食べたら楽しい」くらいでちょうどいいのだ。

その14「広告」の現実的な難しさ

少し話がそれるが、購買してもらうきっかけづくりの機能を持つ「広告出稿」の話もしておきたい。日本では原則として、複数企業主・複数ブランドによる単一広告は認められないことが多い。それは、消費者に混乱を招かないこと、掲出を減らさず媒体社の利益を守るためであることが主な理由であるが、コラボの際はまさにこのルールが障害になることが多い。テレビＣＭは１本につき１ブランドしか出せないし（掲載主をプロジェクト名とする方法などはある）、新聞広告の肩には１つの企業ロゴが入っていることが大半だ。電車ジャックなども、基本は１ブランド１商品と決まっている。カテゴリが違えば、契約タレントを採用するプロモーションも難しい。現に本プロジェクトでも、障壁になることが多々あった。

だからこそ、はじめから「広告」任せで発想するのではなく、コラボ商品自体に「購入の動機付け」を盛り込むことを考えていただきたい。

とはいえ、このお祭りごとを面白いと評価してくださり、一緒に乗っかってくださる媒体社さんもいて、特例を許してもらえることもあった（それはまた、媒体社側の新しいセールスプロモーション例にもなりうるから、相談の価値はあると思う。ここのwin-win-winの3者勝ちも、決して夢ではない）。

これからコラボによるプロモーションが増えていくことを切望する身としては、新しいルールの策定も期待したいところである。

その15　消費者視点と情報整理

ここで、コラボの企画を進める際に陥りがちなリスクを述べておく。

コラボというのは、言うまでもなく、2つないし複数のブランドが手を組むことからはじまる。お互いのメリット＆ベネフィットを模索し、進行させていく。よって図らずも、企業本位のコンセプトやアウトプットが生まれてしまうリスクに陥るのだ。だ

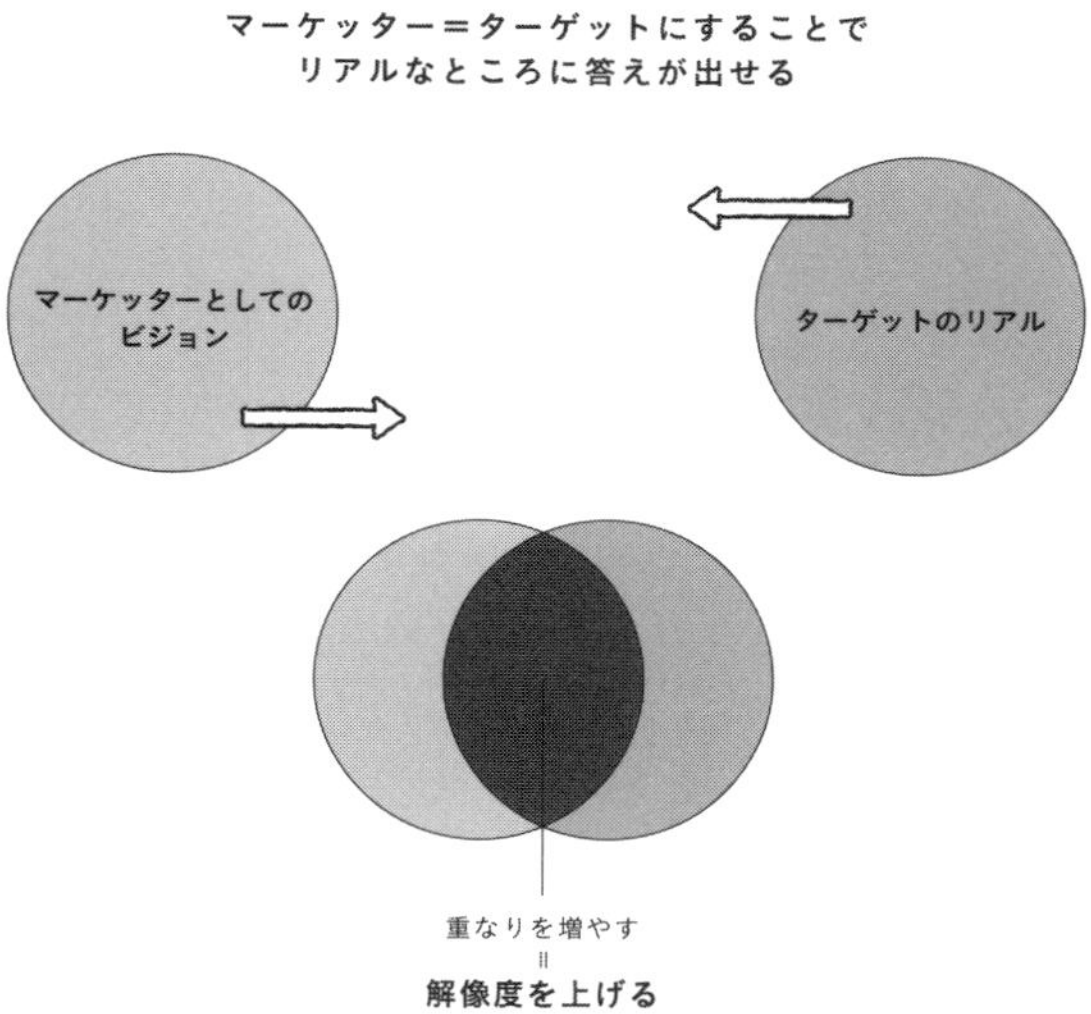

解像度の上げ方

から、通常のコミュニケーション設計よりも強く「消費者視点」を意識することを忘れてはならない。

繰り返しになるが、この解決策の一つに、メンバーの構成がある。本プロジェクトで、メンバーをその消費者つまりターゲットで構成したことは前述のとおりだが、オンではマーケターおよび開発者、オフではターゲットである購買者とし、プロとしての目線と、買う側の目線を、メンバー全員が常に忘れずに持ち続けた。そこを行き来して、重なりを増やすことで、より消費者視点に寄り添った具体的なアイデアイメージを形成していくことができるのだ。それはつまり、アイデアの解像度を上げ、切れ味を出すことに繋がる。

周囲が引いてしまうぐらい情熱的に突っ走ったと思えば、次の瞬間には突然冷静になって「これ、ほんとにお金出して買いたい?」と問う。常に自分たちの本音と向き合い続けたから成功があったと、といま振り返ってみても思うのだ。

ちなみに、メンバー構成とターゲットを合わせる方法の他にも、消費者視点を持つ方法はある。それは、アウトプットに載せる情報の整理だ。2ブランドでコラボをすれば、何もしなくても情報は2倍で過多になってしまう。互いに主張したい本心が顔を覗かせるとそれ以上になる。それでは伝えたいものも伝わらないし、取捨選択が必要となってくる。何が必要な情報で、何が不要な要素なのか。それはつまりブランドにとって無駄なものを省き美しくダイエットさせる一助にもなるのだ。

その16　ブランドのしがらみから脱却する

もう一つ、どんなコラボをする場合でも必ず陥ってしまう問題を挙げておこう。それは、それぞれのブランド・商品レギュレーションをどこまで遵守するか、ということだ。レギュレーションは、ブランドの世界観や歴史を体現する上でもちろんとても大切だが、コラボをする際においては足かせにもなりうることを忘れてはならない。互いのブランドへのリスペクトを払うことは前提で、コラボという土壌に立ったときに、両ブランドにとってwin-winな結論を導き出す必要があるのだ。

しかしそれは、ブランディングという意味では大きなチャンスとも言える。これまでレギュレーションとされ、崩せなかった制約に対して、メスを入れられるからだ。言い換えれば、ブランドとしての新しいアイデアやイメージへの受容性を図る、テストマーケティングにもなりうるということでもある。

現に、「午後の紅茶」においても同様のケースがあった。第２弾で「ティーグルト」

というヨーグルトテイストの乳酸系の紅茶を発売したところ、想像をはるかに超える数の「味」への肯定意見が寄せられた。正直なところ、私たちプロジェクトチームのメンバー（特にキリン社員以外）は「ヨーグルト風味の紅茶」というものに半信半疑で、コラボ商品としても少しトリッキーで狭すぎるのではないかと議論を重ねていた。しかし実際に発売してみれば大好評、のちにコラボではなく通常商品として再発売されるまでに至ったのだ。

いつもだったらできない、これまでだったらできなかった。そんなルーティンを覆すきっかけとなるコラボ。ブランドを洗練かつ進化させていくためには、通るべきプロセスの一つとして捉えても良いかもしれない。

その17　ブランドの客観的理解

それではこれまで全くできなかったことを、ただ反抗心だけで遂行すればいいのかと

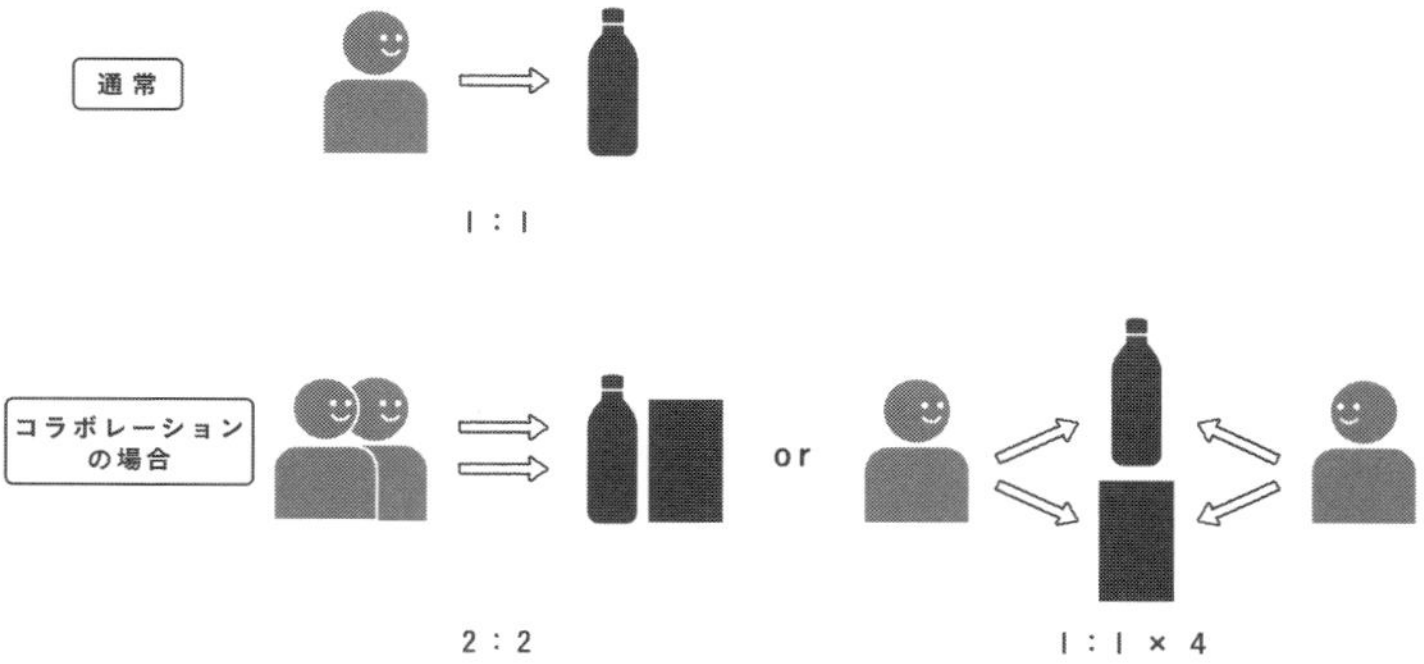

視点の持ち方

いうと決してそうではない。コラボで他社や他ブランド・他商品の名前を借りるということが意味することを、ブランドに携わる人間はもう一度考えなくてはならないのだ。

端的に言えば、半分はコラボ先企業の商品であり、コラボ先企業の商品は自社のものであるととらえることだ。

普段は1：1でブランドと向き合うことが多いであろう。しかしコラボは図のように、2：2であり、4つの1：1の集合なのだ。そのとき、自分のブランドを見る相手先に注目しなくてはならない。コラボ先企業のマーケターは、自分たちの商品をどう捉えているのか。そこには、一消費者以上、自分以下（もしくは自分と同程度）の関与からの発見・理解を持っている。それを生かせるかどうかは自分次第だが、お互いにメリットを享受するための仲間同士であれば、その情報は確からしいとみなしていいだろう。

また、コラボの企画過程で、いつもと違う装いをしたブランドの姿を見ることは、大きな収穫でもある。それが仮に「これは違う」という結論でもいい。通常のコミュニケーションやブランディングの中で、そこに向かっていかなければいいというNGゾーンの発見だったとすればいいからだ。少しでも「これもアリかも」と可能性を見出せたのなら、ブランドのレギュレーションを一部見直したり、同じベクトルの表現への寛容さを持ちはじめても良いだろう。

その18　ブランドの「らしさ」とは

ちょっと怖いことを言うようだが、この流れで、1つ警告をしたい。ブランドの成長を、ブランド担当者自身が止めていないだろうか。

「いちばんにブランドのことを考えて」そう言う本人の判断軸はどこにあるのだろう。ブランドは話すことができない。自身では意思を表現できない。ブランドは本来、お客様の心の中にあるものだ。それを実際にはブランドの担当者や会社が、そのときどきに着せたいイメージを着せているのにすぎないということを忘れてはならない。

だからこそ問いたい。「らしさ」を捉え違えてはいないだろうか。保守的になって無駄な殻に閉じ込めたり、ブランドの間違った部分を伸ばしていないだろうか。

ブランドも「らしさ」も、時代や需要に合わせて、変化していかなければならない。トレンドに合わせたデザインや味、サービス内容などの微調整は、ブランドをロングセラーにしていくために必要なマネジメントである。しかしそのチューニングを間違えてしまう可能性はゼロではない。それがいつの間にかブランド成長のブレーキになっているのだ。

特に、ビジュアルに関する変更に関しては、よりシビアになるべきであると考える。人が取り入れる情報の8割は視覚情報だと言われているように、消費者はビジュアルの変化に敏感である。仮に一度でも間違えた変更をしてしまえば、そのイメージの修復、およびそれてしまったブランドの軌道を修正するには多大な時間がかかるのだ。

そういう意味でも、コラボは有効な手段だ。ブランド担当者がそのブランドの理解を深めるのに一役買うからだ。通常とは異なる視点からブランドを認識し、成長曲線を引き上げる一手になるのだ。

その19　コラボのデザイン指針

ブランドを形づくるものの1つに「VI（Visual Identity）」がある。ロゴマークや、イメージカラー、立体に展開したときのイメージ転用例など、ビジュアルにまつわるブランドのルールだ。視覚情報は、あらゆる情報の中でも印象を残しやすいものであるために、ブランドイメージのほとんどを担うと言っても過言ではない。だから、ブランディングを語る上で、ここをおざなりに済ませることはあってはならない。

特に「色」がその中心にある。エルメスと言ったらオレンジだし、アップルと言えばシルバーと白。赤い銀行、青い牛乳。色を限定して使用することで、消費者側にイメージを刷り込んでいくことができる。「ポッキー」を例にとってみても、あの赤いパッケージをイメージすることは容易であろう。

コラボや期間限定のデザインをするときは、このような色を含むブランド資産の「差し引き」が肝となってくる。言い換えれば、そのデザイン資産のどこを残して、どこを新しくするのかだ。

現に、「午後の紅茶」と「ポッキー」は、どちらも「赤」をブランドのメインカラーとしているのだが、トーン&マナーが恐ろしく異なる。英国のアフタヌーンティーをモチーフとする「午後の紅茶」は、上質な世界観を導くための本格感の演出にデザイントーンの軸を置いている。一方、「ポッキー」はブランド内の商品毎に様々なターゲットを持つために広い幅でのトーンを持つ。プレーンでオーソドックスな「赤い」箱から、子供向けに特化した親しみやすいもの、アルコールに合う大人向けの高級感のあるものまで多種多様だ。

そのとき、ベン図で言う「真ん中」の重なり、つまり2ブランドの共通項を狙っていく方法が、真っ先に選ばれる手段だが、実はそれは決して簡単ではないと述べておく。なぜなら、実際の重なり部分は本当に狭いことが多く、また、見つけた共通項は、既存の定番品に近すぎる可能性があるからだ。

例えば、コラボする双方のブランドが「午後の紅茶」と「ポッキー」のように、共通に「赤」というイメージカラーを持っていたとする。だからと言って新しく作るブランドや商品を「赤く」すればいいだろうか?「赤」に見慣れている消費者からすれば

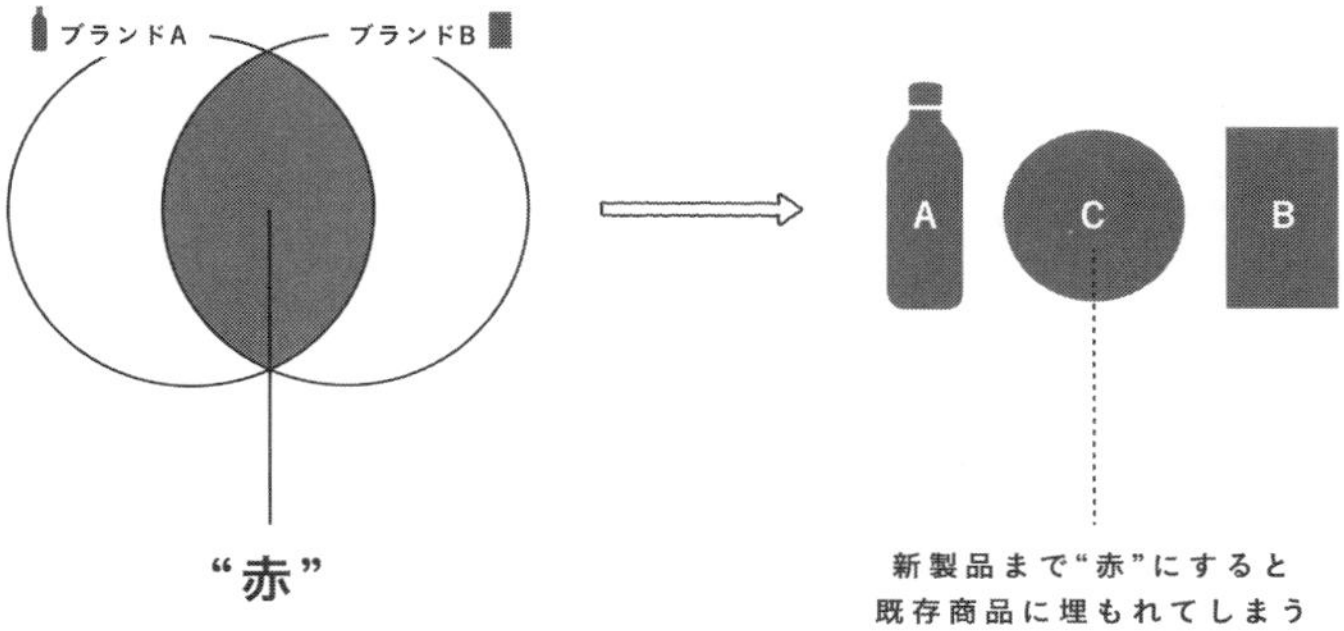

コラボレーションデザイン テーマカラーの決め方

そこに目新しさはなく、コラボという新しい取り組みが見えづらいことが予想される。

だから、特にコラボで新しい価値を生み出す「スクラム・コラボ」の場合は、VIについても新しく設定する方法が望ましい。このプロジェクトのためのカラー、難しければ複数のカラーを組み合わせたコンビネーションカラーの開発だ。柄を含むパターンやオリジナルマークを作るのでも良い。それぞれのブランドのトーンから逸脱しすぎない、でも見たことのない新しいデザインイメージを作るのだ。

その20　フォトジェニックの罠

「フォトジェニック」「インスタ映え」などといったワードが騒がれて久しい現在。だからこその提言がある。

画像に特化したSNSとして2010年に開発されたInstagram。スマホの普及とともにここ数年で爆発的な人気を博しているが、他のSNSやアプリに比べても「寿命」が長いサービスと言えるだろう。Instagramにアップするために写真を撮り、その写真を撮るために、何かを買ったり、どこかに行ったり、イベントに参加する。そんな逆算行動が当たり前になっているのだ。

そんな消費者を見て、様々な企業があの手この手で施策を打ちはじめている。写真映えに特化したスポットを店内に作ったりするだけでは飽き足らず、写真の拡散を意識した食事メニューの開発や、多くの写真が撮れるようなルートで組まれた旅行プランの選定など、宣伝活動を超えて、サービス内容そのものを変えうる事態となっている。

しかし、ここには大きな魔物が潜んでいる。消費者側もそういう企業の下心の見える商品にはどんどん敏感になってきているということだ。しかもそれは、日々年々加速している。本プロジェクトの第１弾が発売されたのは２０１５年初頭。そこから今日まで、さらに競争は激化しているのだ。だから、ターゲットが若者＝ＳＮＳで広くリーチ！フォトジェニックなパッケージでどんどんInstagramにアップしてもらおう！　なんていう下心が見えすぎてはいけない。

言い換えればそれは、アイドルに似ているかもしれない。想いを公言しながら、追いかけて、もし運良く近づく頃ができたら、握手だって求めるし、写真だって撮りたくなるだろう。訪れた偶然やそれまでの努力に浸ることは間違いない。しかし、その逆はどうだろう。突然現れたアイドルが上から目線で「一緒に撮ってやるよ」なんて言ってきたら。撮られ待ちをするかのように、ポージングまではじめたら。一瞬にして気持ちが離れ、興ざめしてしまうだろう。

特にコラボの場合、必然的に抱える情報量は多くなる。消費者からすれば、２人同時に喋られるようなものである。しかも、非日常感というフィルターを持って、ちょっと得意げに。それらを全て余すことなく受け入れ、シェアしてもらおうとすることは筋ではない。

本プロジェクトで言えば、第1、2弾商品で男性同士・女性同士のカップルが生まれるパッケージギミックに関する情報の発信を、企業からオフィシャルには行わなかった狙いもそこにある。とにかく主導権は消費者にあるべきで、温度感を調整しなければならない。その仕掛けに気付いてもらえたら万歳、乗っかってもらえたら万々歳くらいの気持ちで、設計する必要があるのだ。楽しんでもらうために作った商品で、消費者を興ざめさせたり、誰かを不快にさせる可能性のある表現は、企業側から発信すべきではない。しかも、消費者はもう普通のクオリティではフォトジェニックと認識しなくなっているし、特にその辺のコンビニやスーパーで売っているような商品へのフォトジェニックの期待度は低く、その対象になりにくい。

飽和しつつある「フォトジェニック市場」での立ち振る舞いは、リーチより深度を重視することから、改めて考えて欲しい。

◆スケジュールの描き方

その21　そのローンチ時期に意味はあるか？

新しいプロジェクトを進めるとき、最も先に考えるのは、他でもなく内容であると思う。どんなコンテンツを世の中に出していくか。どんな新しさを込めていくか。しかし、実はそれと同じくらい考慮すべきものがある。それは、スケジュールだ。世の中へのローンチ（リリース発表日、発売日など様々な節目を意味する）をいつにするかが、プロジェクト成功の鍵を握る。

本プロジェクトでは、発売時期をバレンタインの直後に当たる「2月第3週」と決めているが、それには、2つの理由がある。

第一に、流通としてのニュースがない時期であるということ。これは前述の通り、大きなイベントがない時期であれば、その分特設売り場を作りやすいからだ。特にお菓子売り場、とりわけチョコレート売り場は、バレンタインの時期は一年でいちばんの盛り上がりを見せる。2月14日が終わった翌日にはガラリと空いてしまう売り場を狙って、大型陳列がしやすい企画を持ち込んでいるのだ。

第二の理由に、バレンタインという「カップル」のイメージ戦略への便乗がある。国民的イベントとして充分すぎる市民権を持つバレンタイン。「カップル」「恋」「相手」など暗に「2つの存在」を意識させるイベントでもある。この時期の、バレンタインに向けた世の中のムーブメントを生かして、「2つのブランドが手を組む」というニュースを送り込んでいるのだ。あえて便乗と表現したのはこういった理由からである。

さらに、飲料には「定番棚」という考え方がある。流通チェーンは3～4月を起点とする「春夏棚」と、9～10月を起点とする「秋冬棚」という大きく2回、モデルの棚割りを見直すタイミングがある。特に飲料は夏場に需要のピークを迎えるため「春夏棚」に自社の定番品を1品でも多く導入することは飲料メーカーにとって非常に重要である。3、4月に飲料メーカーが主要ブランドをこぞってリニューアルするのはこのためだ。そのシーズンインの直前に当たる2月は新商品も非常に少ないので、飲料にとっても穴場の時期と言えるのだ。

その22　イベントに重ねるリスク

一つ、シーズナルイベントに重ねる際の注意がある。それは、数多ある他のニュースに埋もれるリスクに気をつけなければならないということだ。大きなイベントデーや祝日であれば、そこを狙った(むしろその日でなくてはならない)ピンポイントのニュースがたくさん作られる。しかし、マスメディアやWeb、SNSなどで取り上げられる量は変わらない。せっかくの露出の可能性を埋もれさせないためにも、当日ではなく微妙に時期をずらしたりするなどの一考が必要かもしれない。

視点を変えれば、大型イベントのブームに乗っかることもできなくはない。エンド棚

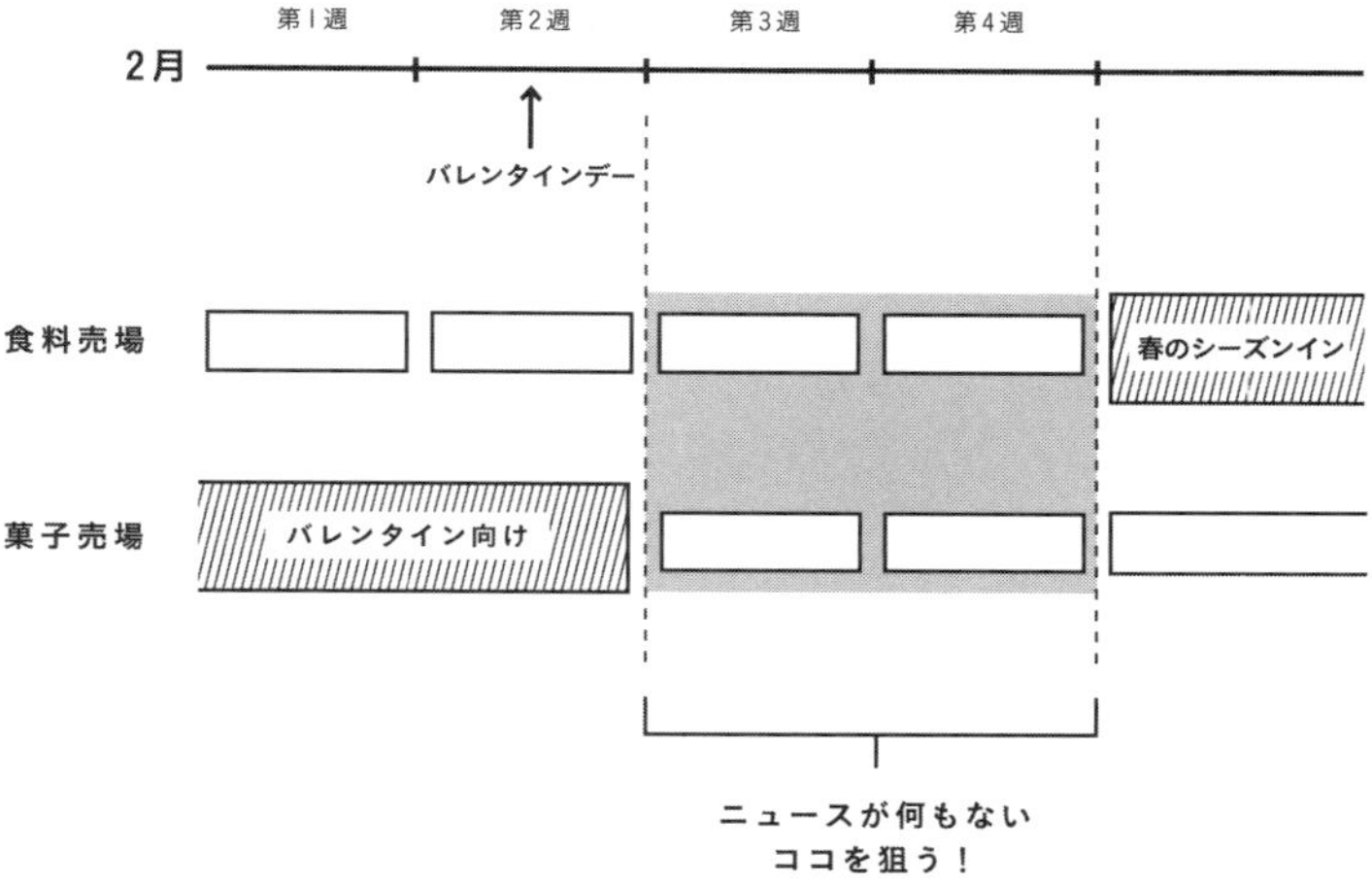

売り場カレンダー

に群で積んでもらえたり、露出したりする機会は増える。もちろん、多くの商品群の中の一つにしかなれず、その商品にスポットライトが当たる可能性は低くなるが。

その反面、イベントが無い時期は、一品だけ新しい商品を出しても、エンドに積んでもらうまでは至らず、話題にもならないで終売していくリスクも秘めている。

そこで、コラボの力を使って、自分たちのブランドだけでエンドを取り、イベント化させるだけの企画力と、世の中ゴト化するように地道に積み上げていく継続性が必要なのである。

その23　PRの情報伝達シナリオ

PRバリューの最大化を考えるのであれば、情報発信日は金曜日以外の平日に設定すべきだ。夕方や翌日の情報番組に取り上げられる可能性がぐんと上がるからだ。土日の情報番組は1週間分のニュースからのピックアップになることが多いため、勝負がしづらい。

さらに言うとコラボ企画は、それ自体が話題化する可能性が非常に高いため、広告展開をするのであれば「商品リリース」「ティザー広告」「商品発売」「発売後広告」など何段階にも分けてフックを準備しておくのが、話題を長持ちさせるための秘訣である。その際に話題化してくれるであろうターゲットと文脈は複数想定し、時期を分けて段階的に設計しておくのがいいだろう。

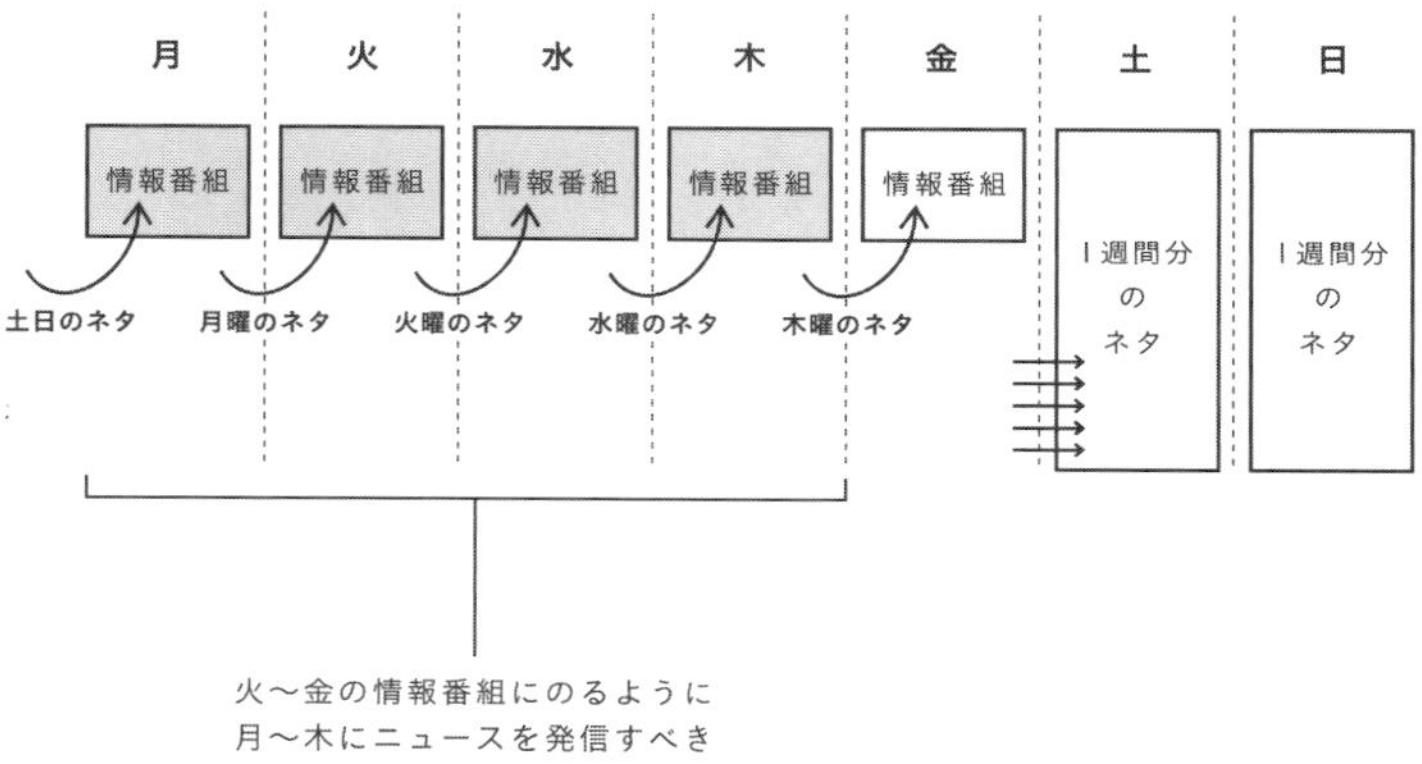

情報番組への取り上げの仕組み

また、ブランド視点での時期選定にも方法がある。例えば「ポッキー」には「ポッキー&プリッツの日（11月11日：スティックが並んでいる様より）」、「午後の紅茶」には「午後の紅茶の日（5月5日：ゴゴと55を掛けて）」があるように、ブランドのアニバーサリーに当ててニュースを作るのも、PRを取りやすくする一因である。

「午後の紅茶味のポッキー、ポッキー味の午後の紅茶は作らない」とルールを定めている我々だが、実は「ポッキー&プリッツの日」に、それらの合成画像をキリンビバレッジのTwitterアカウントに投稿し、バズを起こした。お客様からいただいたリアクションには「もしや、今年もコラボするの?」とコラボを期待してくれているコメントもあった。コラボ商品の発売時期以外にも、ことあるごとに地道なコミュニケーションを重ねているのだ。

◆打ち上げ花火からの脱却

その24　コラボはプロモーションかブランディングか

ここでは、コラボプロジェクトを継続させていくことについて、より深く掘り下げていきたい。

言い換えれば、ブランドコラボを、プロモーションと捉えるか、もしくはブランディングと捉えるか、の議論でもある。

プロモーションとして1発の打ち上げ花火を放ち、盛り上げ逃げするのであれば、話は早い。バズを起こすことに重きを置き、着火させる企画を放り込めばいい。もちろん一時的な売上アップも見込めるであろう。しかし、1ヶ月後その企画を覚えている人はどれくらいいるだろうか。そのやり方であれば、おそらくコラボ相手を毎度変えていった方が、目先のPRバリューは取りやすいかもしれない。

ブランドコラボを、ブランドに寄与する、つまりブランディングのための布石とするのであれば、継続することを念頭に置いた企画に設計していくべきだと考える。中にはテストマーケティングの意味が強いケースもあるだろう。その場合は、軌道修正が可能な、間口の広い開始点にしておくことをオススメする。


継続していく際に最も障壁になるのは、実は関わっている本人たちだ。経験値を手に入れたプロジェクトメンバーは、プロジェクトを進める上では大きな戦力になる。しかしどうしても、次は新しいことをやりたがる。マーケターやクリエーターの常に新しいものを求めるという前向きな姿勢は、この場合リスクにもなりうることを、自分たちへの戒めも含め書き記しておきたい。

突然目の前に現れたたった1回の「お祭り」を、世の中はまだ咀嚼できていないと捉えるべきだ。どれだけ話題になっても、まだ知らない人の方が多いとみなさなくてはいけない。だから、あえて同じことを2度やることは決して恥ずかしいことではない。繰り返すことで浸透していくことを理解し、そうしてはじめて生まれる資産を探求すべきなのだ。コラボの場合は、一度こうして立ち止まって考えてみてほしい。

その25　市場の鮮度をキープするコツ

この「繰り返し」については、補足がある。プロジェクトのコアとなるコンセプトは、ブレることなく、ど真ん中で設計し続ける。しかし、プロモーションに関してはその限りではない。

世の中に対する、プロジェクトの浸透具合に応じて、3ステップでフェーズ構築が考えられるのだ。

第1フェーズは「コアアイデアを伝える」ことに特化すること。情報の直径をなるべく狭めて、強くするのだ。アイデアに余計なものは付加せず、そのコアアイデアだけ

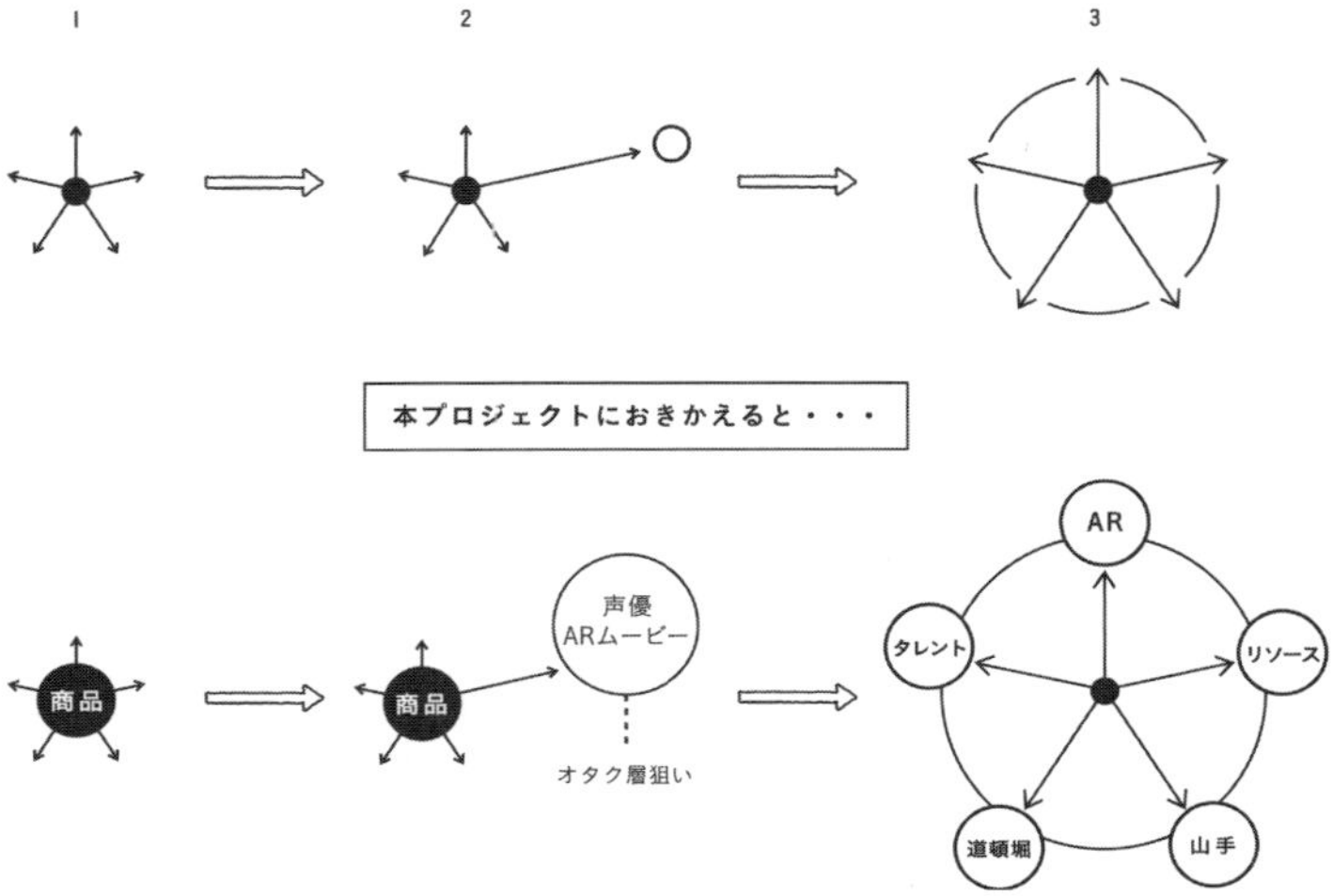

プロモーションの3フェーズ

で勝負する。

第2フェーズは、第1フェーズの内容はそのままに、そこに「局所的な深さ」を加える。まだいたずらに広げていくことは、不必要。どこか狭い場所で、確実にヒットできるポイントを見つけて、そこを狙う。

第3フェーズになってようやく、広く情報を行き渡らせる段階になる。今まで届かなかったところまで範囲を広げていくのだ。

その後は、様々なやり方がある。第3フェーズを繰り返していくことで、世の中ごととして浸透させていくこと。第2フェーズで狙う「局所」を変えていくことで、爆発力を期待していくこと。目的に応じたプロモーションが可能になってくる。

そのための仕込みとしての第1～3フェーズと捉えていただきたい。

その26　ファン育成のための定例イベント化

本プロジェクトは今年「4作目」の商品を発売した。1年に1度同じ時期に発売しているから、かれこれ4年間プロジェクトが続いている。

最初の1年は、作る側も手探りだったが、お客様側にとってもトライのフェーズだった。「気になるから買ってみる」「見たことないから試したいけど」「いつものでいいかなぁ」という、不安と期待の入り混じった気持ちで、購入を迷っていたであろう。

しかし2年目以降は、少し異なる。「去年おいしかったから買ってみよう」「去年買えなかったから今年こそ」「毎年買ってるから買う」と、理由のある購買行動が生まれ、期待値の方が上回りはじめるのだ。

このように、コラボは一過性で終わらせることなく、定例化することで、新たなニュースバリューをも生む。ルーティーン化することで「また（今年も）やるんだ」という期待を抱かせ、徐々にファンを育成していく。また、1度だけではイロモノに見えがちな商品を続けて出していくことで、価値を積み上げていくことができる。それは、保守的な消費者にもアプローチできることに繋がるのだ。

こうして獲得できた「ファン層」に向けて大切なのは、期待を裏切らないことだ。これはブランディングの基本であるから言うまでもないことかもしれないが、コラボの場合はなおさらである。なぜなら、コラボによりブランドの全く新しい姿を見せることは、言い換えれば「変わってしまった」と思われる危険をはらんでいるからだ。作り手は、その商品を一時的な限定品だとか、コラボ自体がお祭りだとか、既存商品とは違う存在価値を認識しているだろうが、ファンに商品を一目見せただけでそれらを理解させようとするのは難しい。だから「変わったね」じゃなく「変わったのが出たね」でなければならないし、そのコラボ商品の何がファンに響き、響かなかったか、冷静に分析し、今後のコミュニケーションにおいて取捨選択する必要がある。

一度目のニュース性やインパクトを超えていくことは難しい。それについては、認めざるをえない。しかし、２度目以降にしか得られないバリューが確かに存在する。長期的な目でのブランディングへと繋げていくのであれば、安心感を積み上げてリーチできる層を徐々に広げていく継続的なコラボが必要なのである。そうすれば、コラボプロジェクトを世の中ゴトのニュースにしながら、ブランディングに寄与するマーケティングステップへと昇華させることが可能となっていくのだ。

コラボを重ねるたびに、「ファン層」に加え、もちろん「新規のエントリー層」へのコミュニケーションも必要になってくる。

新規のエントリー層には、また違うアプローチをしなくてはならない。ブランドコラボのリマインドはもちろんのこと、なぜ前回はメッセージやニュースが届かなかったのかを考え、より深い、または別のスイッチづくりが求められるのだ。

では、双方のコミュニケーション展開を目指すなか、何を資産として選び残し、何を捨てるか？　その際、マーケターとしてのロジックと、世の中の反応とを両方並べてジャッジをしなくてはいけない。それは、マーケティング論としての正解と世の中のざわつきは、必ずしも一致しないことがあることを認めなくてはならないことと同義である。そのマインドセットをした上で、客観的になり、なるべく多く、なるべく細かく、刺さったポイントを洗い出すのだ。

その27　コラボから生まれるものとは

数多あるマーケティング手法の一つであるコラボという方法について、その狙いをまとめておきたい。

A・ブランドの活性化

①ニュース創出、市場への新価値創造、存在のリマインド

②利益拡大、既存定番品の盛り上げ　（対 市場、対 競合）

③営業力アップ、流通の販路拡大　（対 流通）

B・マーケターへの実践型教育

①他マーケター・他ブランド担当者とのコミュニケーション

②企業風土・ブランドノウハウの共有

③役職を超えた、開発プロセスへの参画

ブランドのニュース作りは、どのブランドもいつも行っていることであるし、コラボの目的としても想像が容易であろう。しかし今回のスクラム・コラボはそれ以上に得られるものがある。その代表が、研修やセミナーのように、真新しいメソッドやスキルを学び身に付けられる「社員教育」としての面だ。しかもそれが決して机上の空論で終わるのではなく、実際にアウトプットさせることができる。そして、他企業や他ブランドのしきたりや雰囲気に触れることで、凝り固まっていたルールに異議を唱えることができ、ブランド、ひいては会社組織にも影響を与えることができる。

コラボを行う理由は、あくまで打算的でいいと思う。メリットがあってこそ、ビジネスとしての存在価値が生まれる。ただしそれは短期的な売上だけではない他領域への余波まで含めた計算にすることを、忘れてはならない。

その28　コラボでブランドは強くなる

最後にいま一度、コラボは各々のブランド戦略を達成するための「手段」であり「目的」ではないということを警鐘しておく。

得てして、コラボは、短期的な売上を上げるための手法としてとらえられがちだが、決してそれに限ったものではない。ブランド&企業起点の長期的なブランディングとしてもきちんと効果を発揮するのだ。

例えば広告クリエーティブにおいても、以前のように「商品広告」と「ブランド広告」の差は小さくなってきたように思う。企業やブランドのメッセージを伝えるためのボディコピーが書かれた商品広告もたくさんあるし、理想やイメージを語るだけのブランド広告への費用対効果を疑問視することも増えていると思う。企業の手足とも言える商品と、心となるブランド思想を、一体として伝えていくことが、当たり前になりつつあるとも言えるかもしれない。

つまり、コラボは、短期視点の売上と長期視点のブランディングの双方を実現させることができる、強い方法なのである。

短期的に売上を拡大させながら、それがブランディングへとゆるやかに結びついていく。ブランディングをしながら、新しいマーケティング手法へと転換できる。ブランドにとっても、ブランド担当者にとっても、学びのある成長プロセスになりうるのだ。

コラボは、ひとりでは到底辿り着けない世界に行くための、1つの手段である。新しいことをしたい、変革を起こしたい、ブランドを進化させたい。そこまで大げさでなくても、現状を少し見直したい。どんな動機でもいいと思う。ブランドを変えることができるのは、消費者ではなく、紛れもなくブランドマネジメントに携わるひとりひとりなのだから、行動してみてほしい。

さてまずは、コラボの相手を探してみてはどうだろうか。

おわりに

「3年ってキリもいいし、卒業アルバムでも作りたいね」

このコラボ企画でいただいた広告賞の授賞式の帰り道に立ち寄ったカフェで、何気なくつぶやいた一言が発端だった。筆者のうち3人（坂本、石本、二宮）は、第3弾の発売を終え、プロジェクトからの卒業が決まっていたのだ。

「打ち合わせ風景写真は？」「ボツになった企画も！」と盛り上がり、そのまま、あれよあれよと話が膨らみ、どうせ作るのだから、身内のみで記録として共有する文字どおりの「卒業アルバム」ではなく、本にして世の中に出してしまおう、という話になった。それがこの「書籍化プロジェクト」のはじまりだった。

手前味噌ではあるが、一度、自由な発想を得たチームは強いと思う。「できること」からではなく「やりたいこと」から考えはじめるようになるからだ。「どうせ無理だろう」なんて心の声にしてしまわず、最初は信じられないこともとりあえず口に出してみる勇気が湧いてくるからだ。そんなチームで、私たちは幾度となく「冗談」を「現実」に変えてきた。

せっかくなら、3年間の軌跡を辿りながら私たちが発見したルールやメソッドを、できる限り盛り込んでシェアしたい。それが、少しでも誰かの未来に役立つのならうれしい。そんな共通の価値観を持っていたからこそ、異例とも言える広告会社社員と広告主であるメーカー社員との「コラボレーション執筆」が実現した。それぞれ異なる目線からの協働執筆は困難を極めるのではないかと予想され、周囲からも心配されたが、書き終えてみると意外にもスムーズなものだった。

このプロジェクトや執筆活動を通して、気づいたことがある。それは、立場や役割に囚われない、もっと自由なものづくりがあってもいいのではないかということだ。チームは、もっとフラットで、シームレスでもいい。上司や部下、発注者や受注者、マーケターと研究所、などあらゆる枠という枠を超えて、腹を割ってゼロから一緒にものづくりをするのだ。

もし、それを邪魔しているのがプロとしての「プライド」だったり「遠慮」のようなものであるなら、そのプライドは相手に遠慮をしない、ということに使ってもいいのではないだろうか。それを助けてくれる唯一のものは、信頼関係かもしれない。

世の中の女性の「happiness」を叶えたい。私たちのビジョンは、極めてシンプルで、どこまでもピュアだ。それは、ターゲットそのものである自分自身を見つめ、心の声に向き合い、互いにさらけ出す作業の連続であった。

うれしいことに、この本の発売とほぼ同時期にコラボレーション第4弾の商品発売を迎える。少しずつ各社のメンバーが入れ替わりながら、例年のごとくゼロからコンセプトをつくり上げて完成した商品だ。続けること自体は目的ではないとは理解しつつも、世の中にこれほど続くコラボの事例がなかなかないことを踏まえると、その「定番化」

に喜びを感じている。もし、スーパーやコンビニの店頭で見かけられたら、是非手に取っていただきたい。

このプロジェクトは、私たちにとっては通過点である。ここで得たものを、新たなブランドで、新たなステージで、新たなフィールドで、思う存分生かしていくのだ。もっとおもしろく自由な発想で、ワクワクできるモノを世の中に生み出していく。それが、このプロジェクトで得た一生の仲間たちへの最大限のプライドでありリスペクトである。

コラボレーションって、楽しい。本書を通じて、それが伝わったのならそれ以上嬉しいことはない。

私たちのコラボレーション執筆、いかがだっただろうか。

2018年2月　東京と大阪のオフィスより

Thank you!

チョコ部長＆紅茶部長をはじめ
女子だけでコソコソ何をやっているのか心配になりつつも
いつも信じて任せてくれた上司たち。

楽しいことも辛いこともたくさん共有した
3社のプロジェクトメンバーのみんな。

「午後の紅茶」と「ポッキー」コラボを手に取り
おもしろがって、楽しんでくださったすべてのお客様。

私たちと同じくワーキング女子で、私たちのわがままを汲み取りながら
本書を出版に導いてくれた宣伝会議の二島美沙樹さん。

そして
偶然にも本書を手に取り、最後まで読んでくださったあなたへ。

心から、ありがとうございます。

第1～4期プロジェクトメンバー

朝香 槙里子	川村 亜沙美	西田 美樹
東 桃子	栗原 牧子	二宮 倫子
安東 美由紀	五味 やよい	硲 祥子
石田 絵里子	寒河江 麻美	秦 久美子
石本 藍子	坂本 弥光	林田 香名子
石渡 舞	座間 弘子	原田 志保
遠藤 楓	鈴木 深保子	藤村 紗会
大森 有夏	鈴木 陽子	淵田 明香
岡本 彩花	曽谷 有希	松原 瑞穂
片山 千絵	高谷 由布子	茂木 彩海
金澤 結衣	瀧 亜沙子	吉田 志穂
唐澤 あかね	竹内 彩恵子	渡邉 浩子
川名 翔子	中島 康恵	王 月

※五十音順・敬称略

本書スタッフリスト

＼執筆／

坂本 弥光(さかもと みこう)
電通 コピーライター/インタラクティブ・アートディレクター

プロダクトデザインを学んだのち、2012年電通入社。

広告制作、商品開発、デザイン、ブランディングなど複数領域を通貫したクリエーティブを得意とする。

好きなものは、食とアウトドアとボードゲーム。特技は怪我。

石本 藍子(いしもと あいこ)
電通 コピーライター/コミュニケーション・プランナー

油絵を学んだのち、2010年電通入社。

PRを起点とした既存の広告枠にとらわれない柔軟なプランニングを数多く手がける。

好きなものは、生ビールと生肉。趣味は、本書執筆中に生まれた娘と遊ぶこと。

二宮 倫子(にのみや のりこ)
キリンビバレッジ マーケティング本部 マーケティング部 商品担当 主任

2010年キリンビバレッジ入社。13年より現部署。
「午後の紅茶」「ファイア」等の商品企画・広告制作担当を経て、
現在は「キリンレモン」「キリン メッツ」等の炭酸ブランドを担当。
うさぎとお酒をこよなく愛するミーハーマーケター。中国語が得意。

金澤 結衣(かなざわ ゆい)
江崎グリコ マーケティング本部 チョコレートマーケティング部ポッキー企画グループ

2013年江崎グリコ入社。
同年夏にマーケティング部に配属。キャラクター商品等のマーケティングを経て、
15年春より「ポッキー」ブランドのマーケティングを担当。
趣味はクラシックバレエ、ストリートダンス、読書、ROCK、アニメ、細胞、と多岐にわたる。

＼装丁／

瀧 亜沙子(たき あさこ)
電通 アートディレクター

ブランドのコラボは何をもたらすか
—午後の紅茶×ポッキー が4年続く理由—

発行日　2018年2月20日　初版

編著　午後の紅茶×ポッキー プロジェクト
文　坂本弥光・石本藍子・二宮倫子・金澤結衣

発行者　東英弥
発行所　株式会社宣伝会議
〒107-8550
東京都港区南青山3-11-13
TEL. 03-3475-3010（代表）
http://www.sendenkaigi.com/

表紙デザイン　瀧亜沙子
DTP　ISSHIKI（デジカル）
印刷・製本　株式会社暁印刷

ISBN978-4-88335-427-6 C2063